IMKERN LERNEN FÜR ANFÄNGER

Bienen halten wie ein Profi

Wie Sie sich in kürzester Zeit ein eigenes Bienenvolk aufbauen, hochwertigen Honig produzieren und zugleich die Umwelt schonen + Jahresplan

INHALT

Das wundersame Insekt: Biene

Denkt man an die Wunder der Natur, kommt man an der Biene nicht vorbei. So sagt ein alter Spruch, „Willst du Gottes Wunder seh'n, musst du zu den Bienen geh'n". Es lohnt wirklich, sich diese Insekten einmal genauer anzusehen, denn es ist nicht nur ein Einstieg in eine sinnvolle Freizeitgestaltung, das Imkern zu erlernen (bzw. ein kleiner Nebenberuf), sondern es kann auch der Einstieg in das Interesse an unserer geheimnisvollen Natur sein. Und es gibt dort viele Dinge, die wir so wirklich noch gar nicht begriffen haben.

Was man oft vergisst: Die Bienen bestäuben von allen Insekten vorrangig unsere Obstbäume und nebenbei viele Blumen. Sie sind blütenstetig, das heißt, sie bleiben generell immer bei der gleichen Blütenart, zumindest bis diese komplett wieder verschwunden ist. Vorher wechseln sie nicht zu einer anderen Tracht (Das Wort Tracht kommt übrigens von „Tragen". „Alles, was getragen wird", bezeichnet dieses Wort. Daher spricht der Imker auch von der Honigtracht, also alles, was die Bienen in den Bienenstock tragen).

Im Bienenstock unterscheiden sich drei Arten von Bienen. Eine einzige Königin, Zehntausende von Arbeitsbienen und einige hundert Drohnen (in den Sommermonaten die Männchen im Bienenvolk). Die Drohnen haben nur die Aufgabe, sich mit den jungen Königinnen zu paaren. Die Arbeitsbienen sind alle Weibchen und werden nur ca. 50-60 Tage alt.

Am Anfang putzen sie die Zellen im Bienenstock und sorgen für Ordnung; dann sind sie Ammenbienen und versorgen die Brut. Zudem schwitzen sie Wachs aus, um dann als Baubienen die Waben kunstvoll zu erstellen. Nach etwa 3 Wochen übernehmen sie die Bewachung des Bienenstocks und schließlich besorgen sie als Flugbienen den Nektar, Blütenstaub, aber auch Wasser. Die Königin legt die Eier und das können tatsächlich 1000-2000 pro Tag sein. Da dies das Vielfache ihres Körpergewichtes ausmacht, wird sie von den Arbeitsbienen mit dem sogenannten „Gelee Royal“ versorgt. Man nennt dies auch den königlichen Futtersaft. Trotz dieser Leistung wird die Königin oft 6 Jahre alt, hat aber den Zenit ihrer Fruchtbarkeit bereits nach dem dritten Jahr überschritten. Jeder Imker sollte die Königin mit einem nummerierten Farbplättchen kennzeichnen, um sie in dem Gewirr des Bienenstocks (trotz ihrer imposanten Größe) überhaupt zu finden.

Dabei wird die Farbe des Plättchens jedes Jahr neu gewählt, um das Alter der Königin im Blick zu haben. Die Königin legt in jede Wabe ein Ei, wo dieses am Zellenboden anhaftet. Eine Arbeitsbiene hat sich nach 21 Tagen vom Ei über die Larve und Puppe zu einer lebensfähigen Biene entwickelt. Die Drohnen brauchen ein paar Tage länger, eine neue Königin benötigt nur ca. 16 Tage zur vollen Entwicklung. All dies muss man als Imker schon wissen und verstehen, damit man den Ablauf im Bienenstock nachvollziehen kann. Auch ändert sich im Laufe des Jahres ständig die Situation in der Beute. Alles ist in Bewegung und sieht manchmal schon nach ein paar Tagen völlig anders aus.

Zu einem Bienenschwarm kommt es, wenn neue Königinnen im Bienenstock heranreifen und die alte Königin sich dadurch bedroht sieht. Sie schwärmt dann mit einem Teil des Staates aus und sammelt sich neu. In seltenen Fällen kann man in der Natur so einen Schwarm sehen; vor allem, wenn sich die Bienen an einem Stamm oder Pfahl kurz zusammenschließen.

Dann sieht man ein Meer aus vielen Bienen wie eine riesige Traube zusammenhängen. Spurbienen machen sich auf die Suche nach einem neuen Bienenstock, meist jedoch sichert sich der Imker vorher den Schwarm als neues Volk. Das alte Volk hat nun weniger Sammelbienen, weshalb der Imker dann von einer geringeren Ernte für das Jahr aus diesem Bienenstock ausgehen kann. Der Stock mit den jungen Königinnen ist nun in einer Art Kriegszustand. Denn die Königin, die zuerst schlüpft, wird versuchen, mit ihrem Stachel die Nebenbuhlerinnen zu beseitigen. Doch entscheidend ist auch die Reaktion der Arbeitsbienen. Unterstützen sie die Königin, indem sie helfen, die Wabe mit den weiteren Königinnen zu öffnen, ist der Weg für die „Erstgeborene“ meist frei. Wird sie jedoch daran gehindert, kann es sein, dass sich eine andere Königin durchsetzt.

Die zuerst geborene Königin wird sich in diesem Fall mit einem „Nachschwarm“ auf die Suche nach einem anderen Bienenstock machen. Das Schwärmen an sich ist dem Imker in der Regel eher unangenehm. Denn ein Schwarm, der ausfliegt, oder ein Schwarm, der dadurch dezimiert wurde, ist vorerst nicht in der Lage Honig zu liefern. Vielleicht schafft er es gerade, für das eigene Futter/Honig zu sorgen. Solch ein Bienenstaat wird sich zuerst um den Wabenbau und die Aufzucht der Brut bemühen.

Die Befruchtung der Bienenkönigin findet immer im Flug statt. Die Königin wird beim Hochzeitsflug von einigen Drohnen befruchtet. Erst dann können die befruchteten Eier im Bienenstock abgelegt werden. Dies wird hier am Ende des Abschnitts noch einmal etwas genauer erklärt. Als Imker kann man eine Brut, die in Ordnung ist, daran erkennen, dass es Eier, die offene und die gedeckelte Brut gibt. Also eine Brut, die sich in allen Stadien befindet.

Die natürliche Behausung der Bienen sind oft hohle Bäume. Ob sie aber dort nisten oder in einem Bienenstock ist für diese Insekten unerheblich. Wichtig ist der Schutz vor Kälte und Regen, aber auch vor Wind und übermäßige Hitze. Weniger unerheblich ist für die Bienen allerdings ein zu gewaltiger Eingriff in ihren Staat, Blüten, die Reste von Pflanzenschutzmittel in sich tragen und künstliche Waben, die nicht die erforderliche Größe für z. B. die größeren männlichen Bienen/Drohnen haben. Um bessere Trachtgebiete zu finden, transportieren viele Imker ihre Bienenstöcke auf das Land oder in die Nähe bewaldeter Gebiete. Bei gefüllten Honigräumen kann der Imker dann das Bienenvolk nach einer gewissen Zeit wieder nach Hause fahren. Was beim Transport von Beuten zu beachten ist, wird in einem späteren Abschnitt erklärt.

Um an ein Bienenvolk zu gelangen, ist es meist vorteilhaft, sich an einen

Bienenzuchtverein zu wenden, der einem auch oft und gerne mit einem „Paten“ Hilfe für den Anfang anbietet. Dann braucht man einen Bienenkasten, Schutzkleidung und einen eingefangenen Schwarm. Oft bieten die Imkervereine auch einen jungen Schwarm an.

Was die Bienen mit der Herstellung von Honig leisten, kann eine Zahl verdeutlichen. Um 1 kg Honig herzustellen, müssen die Bienen insgesamt 120.000 km zurücklegen, also fast die Strecke des dreifachen Erdumfangs. Die dabei stattfindende Bestäubung der Blüten würde bei einer Zählung in die Milliarden gehen.

Der Nektar der Blüten ist aber noch lange nicht der Honig, den wir im Glas vorfinden. Erst andickende Stoffe und weitere körpereigene Säfte der Bienen erschaffen dieses kostbare Nahrungsmittel. Dann reift der Honig heran und wird bei Fertigstellung mit einem Wachsdeckel verschlossen. So bleibt er noch länger haltbar, als er sowieso schon ist.

Die Bienen gehören zu den Tierarten, die am längsten in unserer Welt überlebt haben. Zum Beispiel schätzt man, dass Bernsteine über 50.000.000 Jahre alt sind. Die Bienen gibt es schon seit etwa 200.000.000 Jahren. Seit 7000 Jahren sind die Bienen als Lieferant für Honig an den Menschen bekannt. Seit dieser Zeit hat der Mensch aktiv in die Bienenstaaten eingegriffen. Das kuriose ist, dass die Biene als einzelnes Insekt nicht überlebensfähig wäre. Nur im Zusammenspiel im Bienenstock und in der Kommunikation zum Sammeln von Nektar und Pollen kann sie ihre Existenz sichern. Somit ist so ein Bienenstaat auch ein Vorbild für unsere moderne Gesellschaft. Denn nur in einer konzertierten Aktion ist es möglich, dieses filigrane Gebilde am Leben zu erhalten. Die Pflanzen locken die Bienen mit ihrem süßen Nektar an. Sie bedient sich und trägt dann gleichzeitig die Pollen von einer Blüte zur nächsten. Auch hier fügt sich ein Element in der Natur zum anderen. Die Pflanzen brauchen die Bienen und alle anderen Insekten, und die Biene benötigt die Blüten der Pflanzen für die Sicherung ihrer Existenz. Eine Bestäubung vieler Pflanzen findet statt.

Albert Einstein sagte mal: „Wenn die Biene von unserer Erde verschwindet, haben wir Menschen noch etwa vier Jahre zu leben“. Das größte Augenmerk hat der Imker immer auf seine Königinnen. Die Gene dieser Königinnen entscheiden unter anderem wie sich ein Bienenvolk mit seinen Charaktereigenschaften entwickelt. Heute versucht man, mehr und mehr die Population dem jeweiligen Standort anzupassen. Eine Biene aus Südfrankreich hätte bei uns in Deutschland nicht die erforderlichen Eigenschaften, um in diesem Klima, dem spezifischen Bewuchs und den kühleren Temperaturen gut zurechtzukommen.

Die Königin wird, im Gegensatz zu den späteren Arbeiterinnen, auch über den dritten Tag hinaus mit Gelee-Royal gefüttert. Die Bienen selbst entscheiden, welche der Larven sie in den Zellen mit diesem besonderen Futter weiterhin versorgen. Dafür bringen die Bienen schon vorher die auserwählten Bienen in eine größere Zelle. Erstaunlich ist für den Imker auch, dass die Bienenvölker oft etwa 15 Jahre existieren, obwohl die einzelne Biene nur eine Lebenserwartung von ca. 6 Wochen hat.

Das heißt, obwohl die einzelne Biene sehr schnell verschwindet, ist das Volk als Ganzes immerzu dem Imker vertraut und scheinbar gleich. Jedes Jahr schaut der Imker auf ein bestimmtes Bienenvolk und weiß: Das ist diese Beute, die schon seit 2 Jahren existiert. Die Bienen kennen mich gut. Dabei ist nicht mehr eine einzige Biene dabei, mit Ausnahme der Königin natürlich, von denen, als der Schwarm vor 2 Jahren entstand.

Das Zusammenspiel in so einer Beute (Bienenstock) und der Flug zu den Blüten, um verschiedenste Materialien zu sammeln, ist eigentlich eine perfekte Vorlage zum Wirtschaften des Menschen. Die Bienen haben es in einer Perfektion geschafft, ein wunderbares, ineinander übergreifendes Handeln vorzuleben. Die Funktionen der Biene wechseln je nach Alter, und dabei bilden sich die verschiedensten Organe aus und wieder zurück. Der Nektar wird als Material im Körper und durch die Übergabe an andere Bienen auf die schönste Weise veredelt. Und selbst dieser hochwertige Honig wird noch übertroffen von dem bekannten Gelee-Royal/Weiselsaft.

Dazu sondern die Bienen Sekrete aus den Futtersaftdrüsen und der Oberkieferdrüse aus. Das Wachstum einer Biene, welche mit diesem besonderen Stoff gefüttert wird, beschleunigt sich mal eben um den Faktor 2. Daher die besondere Größe der Königin, die meist schnell im Bienenstock aufgefunden werden kann.

Die Königin legt etwa jeden Tag 1600 Eier in den Waben ab. Zusätzlich hat die Biene auch Wachsdrüsen, die sie verwenden kann, um neue Waben für die Aufzucht herzustellen. Wenn die Biene „alt" genug ist, also nach etwa 3 Wochen, der Hälfte ihres ganzen Lebens, wird sie erst zur Sammler-Biene. Ihr Körper ist dann viel stabiler geworden und sie verrichtet dann die vielleicht wichtigste Aufgabe in ihrem Leben. Sie fliegt hinaus und sammelt als „Trachtbiene" Nektar, Pollen, Propolis und Wasser.

Propolis ist übrigens ein Stoff, den die Biene auf ihrem Flug nach Nektar und Pollen zusätzlich mit einsammelt. Er stammt von Blütenknospen und auch von Wunden an den Bäumen (Birke, Buche, Fichte, Erle usw.). Die Biene stellt daraus eine harzige Masse her, die neben anderen Effekten antibiotische Wirkung hat. Durch das warme, feuchte Klima in der Beute, ist der Innenraum so eines Bienenstocks immer für Krankheiten und Bakterien sowie Pilzbefall gefährdet. Die Propolis verwenden die Bienen also zum einen zur Desinfektion, und gleichzeitig zum Abdichten von kleinen Spalten und Öffnungen. Weiterhin hemmt es auch noch die Vermehrung von Krankheitserregern. Auch werden tatsächlich die einzelnen Waben in ihrem Innenraum mit einem sehr dünnen Film von Propolis belegt. Selbst irgendwelche Fremdkörper im Bienenstock und anderer Abfall wird mit diesem Stoff ganz fein überzogen und sorgt für Reinheit in der Beute.

Der Wabenbau ist auch so eine interessante Sache. Die Bienen bauen nämlich vorerst runde Kammern und schlüpfen anschließend komplett in so eine Zelle hinein. Dann erzeugen sie mit ihrem Körper eine stärkere Wärme, und die sie umgebenden Zellwände fangen leicht zu schmelzen an. Daher entsteht letztlich die sechseckige Form der Waben. Erst über die Jahre werden die Waben in den Rähmchen von ihrer goldgelben hellen Farbe immer mehr zu einer fast schwarzen Fläche.

Die Bienensprache, die die Bienen zur Trachtquelle führen, spielt sich folgendermaßen ab: Ist das Areal mit Blüten in der Nähe der Beute, also nur wenige 100 m entfernt, dann macht die fündig gewordene Biene einen Rundtanz und beschreibt dabei eine Achter-Form. Der Tanz geht praktisch über zwei aneinander geschlossene Kreise. Jetzt suchen die anderen Sammelbienen ganz in der Nähe des Bienenstocks nach den Trachten. Komplizierter wird dieser Vorgang, wenn sich die Blüten in größerer Entfernung befinden. Sie macht dann den sogenannten „Schwänzeltanz".

Das Schwänzeln macht sie immer auf einer geraden Strecke und dreht dann immer wieder links, oder rechts im Halbkreis zu ihrer Ausgangsposition zurück. Auf der Geraden gibt sie außerdem Schallgeräusche ab. Die Geräusche sollen den anderen Bienen Aufschluss über die Qualität des Blütenfundes geben. Diesen Tanz vollführt sie dann in mehreren Wiederholungen. Die Häufigkeit der Wiederholungen zeigt den anderen Sammelbienen, wie weit sie zur Trachtenquelle fliegen müssen. Außerdem hat die Gerade, auf der die Biene mit dem Hinterleib zittert (Schwänzeln) eine bestimmte weitere Bedeutung bezüglich der Richtung. Der Winkel, den die Gerade zur Beute beschreibt, steht nämlich im Zusammenhang mit dem Winkel zur Sonne. Da die Bienen das Licht polarisiert sehen können, braucht es dazu nicht mal einen wolkenfreien Himmel. Karl von Frisch soll Anfang der 70-er Jahre diesen Tanz der Bienen als erster entschlüsselt haben. Das hat ihm auch gleich einen Nobel-Preis beschert. Er war ein deutsch-österreichischer Zoologe und Verhaltensforscher und lebte von 1886 bis 1982. Seine wesentliche Tätigkeit war die Professur an der Ludwig-Maximilians-Universität-München.

Er fand außerdem heraus, dass die Bienen die verschiedenen blühenden Pflanzen keineswegs vornehmlich durch den Geschmack unterscheiden können. Ihr Geschmackssinn ist nur mal gerade dem des Menschen ebenbürtig.

Sie haben aber einen ausgeprägten Geruchssinn und dieser führt sie schnell auf die Fährte der gesuchten Blüten.

Er untersuchte auch, wie sich die Bienen orientieren. Bienen haben drei Sinneswahrnehmungen, die ihnen Informationen zum momentanen Standort liefern. Das Polarisationsmuster des blauen Himmels und das Magnetfeld der Erde sowie die Sonne. Dabei dient ihnen die Sonne als „Kompass Nr. 1“, und bei schlechtem Wetter und Dämmerung nutzen sie dann das Magnetfeld oder die Polarisation des Lichtes.

Viele unserer Nahrungsmittel sind, dessen sind wir uns natürlich gar nicht bewusst, abhängig von der Bestäubung der Insekten. Die Biene hat in unserem Ökosystem eine zentrale Schlüsselrolle. Gerade die wertvolle Nahrung, die unserem Körper Vitamin C gibt, ist zu unglaublichen 90 % von der Bestäubung durch die Insekten angewiesen. Dies betrifft die Nahrungsmittel, die das natürliche Vitamin C beinhalten. Das Bienensterben in der heutigen Zeit sollte uns daher viel zu denken geben.

Man vermutet das bestimmte chemische Pflanzenschutzmittel zu dieser Entwicklung führen. Dies kann zu einer erst nur geringeren Vergiftung der Völker führen. Eigentlich ist solch eine Krankmachung von Insekten viel gefährlicher als andere Einwirkungen. Denn die eindeutige Zuordnung dieser Einflüsse ist nicht so einfach zu erbringen. Zumal wenn verschiedene Interessengruppen die Aufklärung sogar verhindern. Jetzt sind die Bienenvölker stärker geschwächt und können an völlig anderen Krankheiten und Parasiten zugrunde gehen. Die Ursache aber an sich ist dann eine völlig andere. Dieser ganze Themenkomplex wird mit Sicherheit schon bald in unserer Gesellschaft neu behandelt werden. Es kann nicht so weitergehen, dass die Bienen zu weit zurückgedrängt werden.

Selbst die Insekten in ihrer Gesamtheit sollen hier in Deutschland seit den 80-er Jahren um unglaubliche 70 % und mehr zurückgegangen sein. Ein Skandal, dass niemand diese Zahlen rechtzeitig publik gemacht hat. Die Menschen, die Bauern und die Imker selbst werden es wohl kaum zulassen, dass sich die Zahl der Bienenvölker noch drastischer reduziert. Denn es könnte dann wirklich ein Punkt kommen, an dem es kritischer wird, als wir es uns ausmalen können. Bedenken Sie nur, dass die Bienen bei der Apfelblüten-Bestäubung bis zu 80 % daran beteiligt sind. Dazu kommt noch die qualitativ hochwertigere Bestäubung der Blüten durch die Bienen, was der Laie oft gar nicht weiß.

Den größten Anteil am Honig haben Fruchtzucker, Traubenzucker und Wasser. Will man Honig verkaufen, darf man ihm nichts zusetzen. Anders als bei anderen Produkten auf unserem deutschen Markt, ist der Name Honig geschützt. Wo Honig drauf steht, ist immer 100 % Honig drin. Mit Maschinen schleudert man den Honig aus den Waben. Ist der Honig abgefüllt, klärt er sich nach ein paar Tagen von allein. Alle Partikel (Wachs) setzen sich nach und nach am Boden ab. Dickflüssiger wird der Honig erst dann, wenn man ihn rührt.

Auch ist die Farbe dieses Honigs meist heller und er lässt sich cremig streichen. Für ein 500 g Glas Honig müssen die Bienen etwa 5.000.000 Blüten besuchen. Bei diesen Zahlen wird einem deutlich, was für eine strapaziöse Arbeit die Bienen verrichten müssen. Nicht umsonst spricht man ja von den „fleißigen Bienchen". Die gängigsten Honigsorten sind: Rapshonig (mild und charakteristisch), Löwenzahnhonig (sehr aromatisch und typische Geschmacksnote), Obstblütenhonig (angenehm milder Geschmack), Tannenhonig (würzig, aber mild), Waldhonig (würzig, aber angenehm), Akazienhonig (milde Sorte), Edelkastanienhonig (aparter Geschmack, herb und ein wenig bitter), Lindenhonig (sehr charakteristisch und sehr aromatisch) und Sommerblütenhonig (aromatisch).

Des Weiteren, je nach Region und Tradition gibt es noch: Buchweizenhonig, Sommerblütenhonig, Bergblütenhonig, Wildblütenhonig und Manukahonig. Als Allgemeinbegriff kennt man noch den Blüten- oder Nektarhonig. Darunter fallen natürlich alle Sorten, die aus Nektar und Pollen gewonnen werden. Bei der Linde unterscheidet man Lindenhonig und

Lindenblütenhonig. Ersterer enthält auch, neben dem Nektar und den Pollen aus den Blüten der Linde, deren Honigtau. Der Lindenblütenhonig wurde dagegen nur aus den Blüten der Linde gewonnen.

Beim Edelkastanienhonig ist immer Honigtau des Baumes enthalten. Bei Akazienhonig muss man schon etwas genauer hinschauen, denn auch der gewonnene Nektar aus den Robinien darf später vom Imker als Akazienhonig bezeichnet werden. Daher sollte man, wenn man unbedingt das Original kaufen will, auf die Herkunft des Honigs achten. Bei „Afrika“, „Australien“ und „südeuropäischen Ländern“ kann man mit Sicherheit davon ausgehen, dass der Honig nur aus den Blüten der Akazien gewonnen wurde. Der Manukahonig stellt eine Besonderheit dar und ist ausgesprochen teuer.

Mit den normalen Honigpreisen hat das schon nichts mehr zu tun. Daher wird er auch mehr als medizinisches Heilprodukt angesehen. Die Bienen sammeln für diesen Honig (nur) in Neuseeland den Nektar der Südseemyrte (Manuka). Da diese Pflanze besondere Inhaltsstoffe aufweisen kann, findet man diese wohl auch in dem Honig wieder. Er soll besonders gut gegen Viren, Bakterien und bei Pilzbefall helfen.

Für die Erzeugung von 1 kg Honig sammeln die Bienen 3 kg Nektar. Fliegt eine Sammelbiene los, wiegt sie 0,1 g. Ist sie voll beladen mit Nektar, wiegt sie 0,2 g. Ist die Biene auf der Suche nach Pollen, so muss sie insgesamt 100 Blüten besuchen, um auf ihre maximale Ladung zu kommen. Macht sie dies 20 Mal am Tag, so würde sie damit genau eine Pollenzelle füllen können.

Der sogenannte Hochzeitsflug der Königin spielt sich folgendermaßen ab: Zur Paarung fliegen die Drohnen in verschiedene Richtungen zu sogenannten Drohnen-Sammelplätzen. Die Königin ist jetzt in ihrer Brunstzeit und bereit sich zu paaren. Dann fliegt sie in größerer Höhe (15 m bis 35 m) auf ihren Hochzeitsflug. Ungefähr 15 Drohnen (mehr oder weniger) begleiten sie jetzt und fast alle werden die Königin begatten. Sie hat hinter ihrem Eileiter eine Samenblase, in der sie reichlich Material ablegen kann. Legt die Königin nun Eier in die Waben, kann sie mit einer Art Samenpumpe jeweils eine geringe Anzahl Spermien beigeben.

BIENENARTEN

Die wichtigsten Honig- und Wildbienen sind hier aufgelistet.

- Westliche Honigbiene/Europäische Honigbiene (Europa, Naher Osten, Afrika)
- Riesenhonigbiene (Südostasien, Indien, Sri Lanka)
- Asiatische Rote Honigbiene (Borneo)
- Asiatische Bergbiene (Borneo, Malaysia)
- Kliffhonigbiene (Himalaya)
- Östliche Honigbiene/Asiatische Honigbiene (Sri Lanka, Indien)
- Apis nigrocincta (Mindanao, Sulawesi)
- Zwergbuschbiene (Borneo, Südostasien)
- Zwerghonigbiene (Sri Lanka, Südostasien, Persischer Golf)

Im Lateinischen heißt die Westliche Honigbiene übersetzt die „Honigtragende“. Sie teilt sich in mehrere Rassen auf. Buckfast (im Kloster Buckfast gezüchtet), Ligustica (Italienische Biene), Carnica (Kärntner Biene oder Krainer Biene) und Dunkle Europäische Biene (wurde seit ca. 1850 bis heute fast ganz aus Europa verdrängt).

- **Die Buckfast-Biene** ist die zweitbeliebteste Rasse der Westlichen Honigbiene, bzw. Europäischen Honigbiene. Ein Befall von Tracheenmilben um das Jahr 1913, der die Dunkle Europäische Honigbiene fast ausgerottet hatte, bewog den Klosterbruder Adam, eine Kreuzung mit einer anderen Biene zu wagen. Er nahm dafür die Italienische Biene hinzu und schuf die einzig durch Menschen gezüchtete Rasse der Buckfast-Biene. Der Name des Klosters wurde hier für die Bienenrasse verwendet. Sie zeichnete sich später durch eine gute Honigleistung und einer besonderen Krankheitsresistenz aus.

- **Die Ligustica**/Italienische Biene verbreitete sich in ganz Italien, und selbst bis nach Tunesien, aus. In der Verbreitung weltweit ist sie die Nummer eins. Ihre speziellen Fähigkeiten liegen in der Aufnahme der Blütentracht. Für die Waldtracht eignet sie sich weniger. Es wurde bisher nicht versucht, sie so zu kreuzen und weiter zu entwickeln, dass sie in unseren Breitengraden heimisch werden könnte.

- **Die Carnica** ist für Deutschland die wichtigste Bienenrasse. In einigen Regionen unserer südlichen Nachbarn ist sie sogar eine „Pflicht-Rasse". Das gilt für Kärnten, Niederösterreich und Wien. Ihr Charakter ist sanftmütig und gleichzeitig gehört sie zu den besonders fleißigen Rassen. Sie bildet ausgeprägte, große Völker und fängt früh im Jahr an zu brüten. Das gefällt natürlich den Imkern, da die Honigernte entsprechend ausfällt.

- **Die Dunkle Europäische Biene** ist die größte unter ihren Artgenossen. Sie hält sich in Europa schon seit 10.000 Jahren auf. Trotz ihrer drohenden Ausrottung (siehe oben, Buckfast-Biene) hat sie es geschafft, sich weiter zu behaupten. Das liegt wohl auch an ihrem sehr gefragten Genmaterial, denn zur Kreuzung eignet sie sich besonders gut. Ihre mitgebrachten Eigenschaften sind: Langlebigkeit, Flugkraft, Schwarmträgheit, niedriger Futterverbrauch und sehr gute Verteidigungsbereitschaft.

Wie werde ich Schritt für Schritt zum Imker?

Sicherlich sollte man das Autodidaktische bei solch einer Tätigkeit wie dem Imkern nicht unterschätzen. Zumal sowieso die Praxis immer die beste Schulung für den Neuling ist. Dennoch sollte man sich an dieses Unterfangen nicht ganz allein heranwagen. Es ist schon eine Verantwortung, die man der Natur und dem Bienenvolk gegenüber hat. Und es ist ja eigentlich kein Problem, einem erfahrenen Imker mal ein wenig über die Schulter zu gucken.

Fragen kostet ja nichts und wahrscheinlich sind alle Imker gerne bereit, als Mentor zu fungieren, wenn es nicht allzu viel Zeit kostet. Wenn man ihm dann als Gegenleistung evtl. gleichzeitig ein wenig unter die Arme greift, hat er selbst sogar nur Vorteile aus dieser „Mentorenschaft". Der Bienenstock/die Beute ist ein filigranes, kompliziertes und ausgeklügeltes System.

Zum einen arbeiten die Bienen daran, aber eben auch der Mensch. Fehler bei der Arbeit des Imkerns können sich dann schnell zur Katastrophe für die Bienen ausweiten. Wenn man diesen schönen Beruf in seiner Freizeit ausführen will, dann sollte man es mit vollem Einsatz machen. In den Folgejahren wird es dann sicherlich auch etwas entspannter und routinierter.

Will man Imker werden, braucht man eigentlich nur einen Holzkasten, der in der Nähe des Hauses steht, und in dem sich die Bienen einnisten. Doch schon taucht die Frage auf: Wie komme ich später am besten an den Honig heran, und zu welcher Zeit, und wie oft kann ich Honig ernten? Und schon ist man mitten im Beruf des Imkers gelandet. Denn er weiß, wann die Königin ihre Eier ablegt. Wann die Arbeiter-Bienen anfangen, den Nektar zu sammeln. Wann sie ihre Waben bauen und wie viel Platz sie zu welcher Jahreszeit in ihrem „Holzkasten" brauchen. Er weiß, wann er den Bienen Futter zugeben muss, und wann er es auf keinen Fall tun sollte.

Auch schaut er in seine Beute hinein, und weiß sofort, ob der Schwarm gesund ist. Er sieht, wie viele Zellen mit Larven existieren, ob sie gedeckelt/verschlossen sind oder offen. Er sieht das Verhältnis von Zellen für Arbeiter- und Sammel-Bienen, für die Drohnen und für die Königinnen. Er sieht, wie viel Honig angesammelt wurde, aber auch wie viel Pollen. Ohne die Pollen würde die Aufzucht der Larven nicht möglich sein. Noch komplizierter macht es die Geschichte dadurch, dass die Bienen plötzlich einen Schwarm bilden, und sich mit einer Königin zusammen aus dem Staub machen.

Dann fragt man sich schon, ob da noch was im Holzkasten zurückbleibt und wieso die Bienen das überhaupt machen. Eine gute Frage ist auch: Wo legt die Königin eigentlich ihre Eier ab, die ja nachher zu Larven werden, und schließlich zu erwachsenen Bienen? Es sind ja die gleichen Waben, in denen auch der Honig abgelegt wird. Woher weiß man jetzt, wo der Honig ist, und wo die Larven? Genau dieses Problem hatten auch die Zeidler/Honigsammler vor Hunderten von Jahren. Sie arbeiteten nur mit Wildbienen und diese hatten keine bestimmte Struktur in ihrer natürlichen Beute. Sie hatten und haben zwar eine Struktur, diese ist aber nicht systematisch.

Alles dies soll in diesem Buch beschrieben und erklärt werden. Die Praxis selbst kann man damit natürlich nicht ersetzen. Auf keinen Fall sollte man alles so kritiklos hinnehmen, was so in den Büchern und Internetseiten für Imker geschrieben wird. Es gibt viele Themenbereiche, die einige Imker völlig anders bewerten als andere. Gerade beim ökologischen Imkern lernt man viele neue Dinge, die manchmal näher an das „Bienen-Wohl" heranreichen als bei der althergebrachten Methode. Jeder sollte sich hier immer weiterbilden im Sinne der Insekten. Gerade jetzt stehen alle dieses Berufsstandes vor großen Schwierigkeiten. Natürlich wird man die Schuldigen eher in der Spritzmittelindustrie finden. Und bei denjenigen, die bereitwillig deren Empfehlungen in die Praxis umsetzen. Aber das ist ein anderes Thema und wird jeden Einzelnen sicherlich in seiner Tätigkeit auch weiterhin verfolgen.

Man braucht nur einen Bienenschwarm, eine „Beute“, einen hohlen Baumstamm oder ein Loch in der Mauer. Besser ist natürlich ein Kasten mit Rähmchen. Schon ist man Imker. Um aber Tausende von Fehlern, die auch die ersten Imker natürlich erfahren mussten, zu vermeiden, ist es schon sinnvoll, sich die Erfahrungen der Imker anzueignen. Der Imker ist der „Schäfer der Bienen“. Er muss sich bewusst sein, dass er es mit wilden Tieren, also Insekten, zu tun hat.

ICH BAUE MIR EINE „BEUTE"

Am spannendsten ist es sicher für Sie, ein „Haus“ für die Bienen zu bauen bzw. zu kaufen. Vielleicht ist es tatsächlich von Vorteil, wenn man sich diese Beute nach Vorlage selbst zusammenbaut. Dann hat man schon eine Vorstellung, wie sich das Ganze in so einem „Haus“ abspielt, und worauf es ankommt. Außerdem ist es ein schönes Gefühl, wenn man die Behausung für sein Bienenvolk selbst erschaffen hat.

Den Kasten, den man für das Bienenvolk bereitstellt, nennt man Beute. Da es verschiedene Kästen gibt, spricht man von Beutemodellen. Das Beutemodell hat verschieden viele Zargen, bedeutet aufeinander stapelbare Segmente. In diesen Segmenten befinden sich die Rähmchen, die man herausnehmen, bzw. einstecken, kann. Für welches Modell man sich entscheidet, sollte jeder selbst herausfinden. Oft empfiehlt es sich, einen Imker in der Umgebung zu fragen. Je nach Größe, kann die Honigausbeute variieren, aber eben auch die Handhabung. Viele setzen auf eine Beute aus Holz, manche bevorzugen Kunststoff. Dabei spielt die Haltbarkeit eine Rolle, aber auch der Aufwand der Reinigung. Die Beute ist grundsätzlich folgendermaßen aufgebaut:

Ganz unten haben wir den Beuteständer, welcher als Fundament fungiert und vor Feuchtigkeit von unten schützt. Dann folgt die Bodenplatte mit einem Schieber. Ist der Schieber entfernt, ist das „Flugloch“ für die Bienen frei. Dieses Flugloch ist praktisch das Fehlen einer 15 mm großen Leiste der Bodenplatte, die eben nur an drei Seiten fest angebaut wird. Oft besteht die Bodenplatte auch aus einem ganz feinen Gitter, durch das aber keine Biene entweichen kann, aber eben Verunreinigungen und Feuchtigkeit. Darüber sitzt dann der Brutraum, in den man auch einige Rähmchen einsetzt, je nachdem wie viele gerade benötigt werden (Jahreszeit).

Dies ist der Lebensraum der Bienen und vor allem der Königin. Auch hier ist dann Honig in den Waben vorhanden und die wichtige Brut. Das ist deshalb auch der Ort, an dem die Königin die Eier legt. Darüber wird dann das wichtige Königinnengitter eingebaut, welches Brut- und Honigraum voneinander trennt. Dieses hat eine Maschenstruktur, welches nur die Königin davon abhält, ihre Eier im Honigraum abzulegen. Darüber folgt nun der Honigraum, der den „überschüssigen“ Honig beherbergt. Also das, was der Imker letztlich ernten möchte.

Dieses Segment nennt man ebenfalls Zarge, und falls die Bienen sehr viel überschüssigen Honig produzieren, kann man auch eine weitere Zarge (Honigraum) aufsetzen. Auf den Honigraum wird nun der Innendeckel gelegt. Dadurch sind die Rähmchen mit dem Honig geschützt. Das letztendliche Dach bildet dann der Deckel. Er hat die Form eines Flachdachs, oder alternativ eines Satteldachs. Das Dach schützt natürlich vor Feuchtigkeit und ist oft aus Blech, bzw. zumindest mit Blech überzogen. Dieses Beispiel ist die sogenannte „Dadant-Beute“. Falls man mehr zum ökologischen Bereich tendiert, kann man natürlich all das hier Beschriebene entsprechend variieren. Es gibt viele gute neue Ideen, die auch in diesem Buch angesprochen werden. Viele Dinge, die der Imker einsetzt, hat oft praktische Vorteile, sind aber nicht deckungsgleich mit den Vorgängen in der Natur. Schon das Königinnengitter, das die Königin nicht in den Honigraum eindringen lässt, ist ein spezielles Eingreifen, welches bei biologisch arbeitenden Imkern nicht unbedingt durchgeführt wird. Gängige Beutemodelle sind: Dadant-Beute, Langstroth-Beute, Voirnot-Beute und Warré-Beute. Für welches Behältnis man sich entscheidet, kann von folgenden Gesichtspunkten abhängen: Die Größe des Bienenvolks, die Temperaturen und Witterungsverhältnisse in dem entsprechenden Gebiet, die Verfügbarkeit von Blüten und Pollen.

Das Bienenvolk sollte jedoch mindestens 80 l Wohnraum erhalten. Das Bienenhaus wird dann mit Rähmchen bestückt. Für den Anfänger empfiehlt man ca. 10 Rähmchen. Eine Zarge mit Rähmchen kann je nach Modell 15-30 kg Honig fassen. Das Rähmchen wird mit Draht bespannt, auf das Sie jetzt eine Wachsplatte löten können.

Diese Wachsplatte unterstützt die Bienen beim Bau ihrer Waben. Jedes Rähmchen hat jetzt im Laufe des Jahres ein anderes Aussehen, je nachdem wie die Bienen es nutzen. Die äußeren Rähmchen werden anfangs z. B. noch nicht genutzt. Die Brut befindet sich dagegen meist genau in der Mitte. Hier herrschen auch die größte Wärme und der größte Schutz. Ab April oder Mai nimmt die Brut dann oft schon die gesamte Zahl von Rähmchen in Anspruch.

Pollenrähmchen rahmen immer die Brut ein, da sie als Nahrung für die Brut dienen. Falls der Platz dann nicht mehr ausreicht, werden die Pollen durch die Arbeitsbienen auf die äußeren Rähmchen umgelagert. Der Nahrungsvorrat, auch gerade für den Winter, wird in den Honigrähmchen eingelagert. Dies ist dann der Bereich, aus dem sie den wertvollen Honig entnehmen können. Die ganze moderne Imkerei beruht auf der Errungenschaft dieser Idee der Rähmchen. Dadurch bauen die Bienen, entgegen ihrer natürlich geschaffenen Behausung, ihre Waben in einer überschaubaren und geordneten Struktur. Sie können sich als Imker dann auch schnell eine Übersicht über den Zustand der Beute verschaffen. Rähmchen können zusätzlich eingesetzt werden oder aus verschiedenen Gründen herausgenommen werden. Der Honig kann leicht entnommen werden, und die Königin legt ihre Brut nur dort ab, wo sie es als Imker wollen. Damit ist natürlich auch die Ernte des Honigs viel einfacher.

Für die Überwinterung ist es ratsam, die äußeren Rähmchen z. B. mit Alufolie zu bespannen, damit die Beute eine bessere Isolation gegen die

Kälte besitzt. Die Alufolie reflektiert die Wärme der Wintertraube. Die Wintertraube wird so genannt, weil die Bienen zu dieser Zeit eine Traube auf ein oder zwei Honigrähmchen bilden. Hier können sie sich vom Honig ernähren und eine Brut ist ja jetzt nicht mehr vorhanden.

WELCHE ZWECKMÄẞIGE SCHUTZKLEIDUNG BRAUCHEN SIE?

Als erstes brauchen sie einen *Schleier*, der durch seinen feinen Gaze-Stoff vor Stichen durch die Bienen schützt. Gleichzeitig kann man dennoch gut durch den Stoff hindurchsehen. Hier gibt es verschiedene Varianten zu kaufen. Zusätzlich braucht man noch einen *Kombianzug und Handschuhe*. Durch Gummizüge sind die Beine und Arme hier geschützt. Bei den Handschuhen setzen viele Imker auf Einmal-Handschuhe.

Zum einen fällt die lästige Desinfektion weg und zum anderen ist es eine Arbeitserleichterung, wenn die Finger für Feinarbeiten frei sind. Bei Handschuhen aus dickem Material sind einige Arbeiten etwas mühsamer. Zum Thema Schutzkleidung gehört natürlich auch ein Notfallkasten. Hier braucht man einen *elektrischen Stichheiler*, der durch Hitzeentwicklung das Bienengift entschärft. Ein Antihistaminikum gegen Atemprobleme wird benötigt. Bei kritischen Reaktionen muss natürlich sofort ein Arzt gerufen werden. Als letztes ist es anzuraten, *Adrenalin* als Spritze oder Tablette dabei zu haben. Dies wird für Notfälle benötigt, bis der helfende Notarzt eingetroffen ist. Adrenalin kann die ersten stärkeren Symptome hilfreich bekämpfen.

Auch hier gibt es auch schon viele Imker, die tatsächlich ohne Schutzkleidung an die Beuten herangehen. Bei respektvollem und ruhigem Umgang mit dem Bienenvolk kommt man meist ohne einen Stich wieder nach Hause. Und dennoch kann es passieren, dass man mal gestochen wird. Durch das Räuchern hält man die Bienen aber Gott sei Dank recht ruhig. Sie fressen dann sofort vermehrt Honig und bleiben sehr zurückhaltend. Bei zu viel Rauch können sie aber richtig aggressiv werden. Doch meistens sind ihnen das Prozedere des Imkers und auch der Rauch gut bekannt. Und genau um diese Utensilien geht es als nächstes. Es handelt sich um eines der wichtigsten Werkzeuge, die ein jeder Imker immer zu seiner Arbeit dabei hat. Ein *Smoker* produziert den bekannten Rauch, der die Bienen beruhigt und ihre Aggressivität mildert.

Der Rauch sollte immer kalt sein, damit die Bienen keine negativen gesundheitlichen Schäden davontragen. Man nimmt dafür Holzgranulat und Wellpappe oder Tücher aus Naturfasern. Holzkohle und Tannenbaumnadeln werden auch oft als Brennmaterial benutzt. Im Fachhandel gibt es dafür genügend Material und Anleitungen.

Futterteig und Sirup braucht der Imker das ganze Jahr. Für den Winter den Futterteig, aber auch für die Zucht der Königinnen. Den Sirup für den Rest des Jahres. Eine *Fotokamera* oder Smartphone, falls bestimmte Probleme auftreten, und man andere Imker um Rat fragen möchte. Ein wasserfester *Stift* und einen *Notizblock*, um direkt vor Ort wichtige Beobachtungen und Informationen aufzuschreiben. Ein festes *Tuch*, welches zur teilweisen Abdeckung der Beute dient. Damit kann man aggressive Bienen fernhalten und im Winter gleichzeitig den Bienenstock vor der eintretenden Kälte schützen. Einen *Zerstäuber* benötigen Sie, um die Bienen mit Wasser zu besprühen. Dies dient der Abkühlung der Insekten und es hält sie davon ab, wegzufliegen.

Diesem Wasser setzt man gewöhnlich noch verschiedenste Substanzen als Aroma zu. Zum Beispiel Menthol, Eukalyptus oder verschiedene Tees. Die Beigabe sollte aber nur in geringen Mengen erfolgen. Eine *Lötlampe* braucht man, um den Smoker zu entzünden, oder verschiedenste Materialien zu desinfizieren (Bodenplatte, Bienenstock /Beutekasten). Zur Herstellung eines Desinfektionsbades hat der Imker immer Wasser (ca. 5 Liter) und *Chlortabletten* dabei. Ob Geräte oder die eigenen Hände; die Desinfektion ist unerlässlich.

Schon wenn man mit den Handschuhen von einem Bienenstock zum nächsten wechselt, muss man diese sowie auch die notwendigen Arbeitsgeräte desinfizieren. Ein *Stockmeißel* ist ein Werkzeug des Imkers, dass einen starken Hebel darstellt und immer gebraucht wird. Auch wird er als Schaber eingesetzt oder als Wabenheber, der dann oft am hinteren Teil des Stockmeißels ausgeprägt/angebracht ist. Für das Einfangen der Königin benötigen Sie eine *Greifklammer*. Sie sieht aus wie zwei ineinandergreifende Kämme, die aber einen Hohlraum bilden, in welchen die Königin eingefangen wird. Ob zur Markierung oder zur kurzfristigen Sicherung der Königin; man kann ohne die Greifklammer nicht gefahrlos mit den Rähmchen arbeiten.

Mit einem Besen, den der Imker *Abkehrbesen* nennt, werden die Bienen vorsichtig von den Rähmchen heruntergestrichen. Um die Bienen nicht zu verunsichern, sollten die Härchen aus natürlichem Material bestehen. Das verhindert elektrostatische Aufladungen (bei Kunststoffbesen), die die Bienen stören könnten. Als letztes seien noch die notwendigen *Rähmchenhalter* erwähnt, die dazu dienen, herausgenommene Rähmchen zu „parken“. Dieser Halter wird am äußeren Korpus der Beute befestigt.

WELCHE FORMALITÄTEN MÜSSEN SIE BEACHTEN?

Einige Formalitäten sind für Sie als neuer Imker wichtig. Eine Haftpflichtversicherung ist sinnvoll, falls eine andere Person durch Ihre Bienen zu Schaden kommt. Viele Versicherungen, die bereits bestehen, können eventuell diesen Schaden mit einbeziehen, bzw. dahingehend erweitert werden. Genauso vorteilhaft wäre auch die Abdeckung eines Schadens an Ihrem eigenen Bienenvolk.

Hier muss man bei seiner Versicherung über die Details nachfragen. Sie brauchen auch eine Betriebsnummer. Diese bezeichnet Ihren Standort und die Zahl Ihrer Bienenvölker. Aus Gründen des Seuchenschutzes ist so eine Anmeldung unumgänglich. Bezüglich der Steuer müssen sich Hobby-Imker keine Sorgen machen. Dies gilt für die Umsatzsteuer, als auch für die

Einkommensteuer. Eine Gewinnerzielungsabsicht kommt für das Finanzamt erst dann in Betracht, wenn die Anzahl der Völker eines Imkers einen bestimmten Umfang übersteigt.

Wer will, kann sich diesbezüglich beim Finanzamt erkundigen, aber erst ab einer Zahl ca. 30 Völkern wird von einem richtigen Gewerbe ausgegangen. Bringt man seinen Bienenstock an einen anderen Ort oder will man ihn verkaufen, braucht man unbedingt ein Gesundheitszeugnis. Diese Aufgabe übernimmt der Amtstierarzt. Je nach Bundesland kann es dann sogar wichtig und gefordert sein, dass dieses Zeugnis an den aufgestellten Bienenstöcken gut erkennbar angebracht ist.

Natürlich darf dabei auch nicht der Name mit Adresse sowie die Betriebsnummer fehlen. Wichtig zu wissen ist auch, dass Sie ein sogenanntes Schwarmrecht besitzen, das heißt, Sie dürfen fremde Grundstücke betreten, um Ihren Schwarm wieder einzufangen. Der Eigentümer darf Ihnen dabei den Zutritt nicht verwehren, kann allerdings natürlich bei eintretenden Schäden auf Schadensersatz klagen.

Was machen die Bienen im Bienenstock?

Die Königin im Bienenstaat befruchtet die Eier. Aus unbefruchteten Eiern schlüpfen immer Drohnen, die männlichen Bienen. In den befruchteten Eiern entstehen nun entweder Arbeiterbienen oder Königinnen. Von den verfütterten Pollen, mit ihren wertvollen Proteinen, hängt es ab, wie kräftig und gesund die schlüpfenden Bienen einmal sein werden. Diese Pollen holen sich die Bienen natürlich aus den Blüten der Pflanzen. Die Widerstandskraft der einzelnen Insekten und der gesamte Bienenstaat in seiner Zusammenarbeit können von solchen qualitativen Ernährungsfaktoren abhängen.

Interessant ist, dass diese Pollen (auch Blütenstaub genannt) die männlichen Keimzellen der Pflanze darstellen. Ein einzelner Pollen könnte nur unter dem Mikroskop erkannt werden. Die Biene streicht die einzelnen Pollen mit ihren Beinen zusammen und bildet Pollenkörner. Diese werden an den Hinterbeinen zum Transport befestigt. Eine Biene sammelt auf einem Arbeitsflug etwa 15 mg Blütenstaub. Für die Brut ist diese Nahrung unabdingbar. Auch im Honig selbst können sich Spuren von Pollen befinden, manchmal auch eine größere Menge dieses Blütenstaubs. Man spricht dann von einer Einstäubung des Honigs. Den größten Anteil an dieser Einstäubung hat die Pflanze selbst, denn der Pollen kann schon in der Pflanze in den Nektar fallen.

Aus dem Nektar können die Bienen Honig machen. Sie sammeln den Nektar aus den Blüten der Pflanzen, indem sie ihn mit ihrem Rüssel aufnehmen. Schon jetzt wird dem Nektar aus den Futtersaftdrüsen der Biene eine Art „Speichel" zugesetzt. Dann wird dieser Stoff durch die Speiseröhre in die Honigblase transportiert. Braucht die Biene jetzt selbst Nahrung, kann sie durch eine Verbindung ihres Darms mit der Honigblase einen Teil der Substanz verbrauchen. Die weitergehende Verarbeitung des Sammelgutes findet jetzt im Bienenstock statt. Es erfolgt die sogenannte Honigreifung. Dafür ist es als erstes erforderlich, den Wassergehalt zu verringern.

Dies machen die Bienen, indem sie das Sammelgut herausbringen und an die nächste Arbeitsbiene weitergeben. Auch diese lagert das Gut in ihrer Honigblase an und gibt es wiederum weiter („Futterkette"). Zum Schluss wird der noch unreife Honig in den Zellen abgelegt. Dann vollziehen die Bienen die „Aktive Trocknung". Dabei wird das Sammelgut immer wieder aufgenommen und abgegeben, und zwar in eine benachbarte Zelle. Das Wasser wird eigentlich somit verdampft und der Honig reift weiter. Bei der „Passiven Trocknung" bleibt die Honigzelle geöffnet, wodurch die Wärme und Luftzirkulation (Ventilieren der Arbeitsbienen) im Bienenstock zu weiterem Wasserentzug führt.

Ist der Honig jetzt reif, wird die Zelle verdeckelt. Der Honig ist dadurch konserviert, weil er zum einen sehr viel Zucker enthält und zum anderen Enzyme und zahlreiche andere Inhaltsstoffe. Diese haben eine hemmende Wirkung auf alle Mikroorganismen.

Die Eier der Königin werden in leere Zellen gelegt. Sie stehen dann senkrecht und neigen sich innerhalb von ungefähr drei Tagen immer mehr in eine waagerechte Stellung. Wenn sich das Ei öffnen lässt, kann die Larve schlüpfen. Die Ammenbienen füttern diese Larven. Erst werden sie als Rundmade bezeichnet und dann als Streckmade, je nachdem welches Stadium sie gerade erreicht haben. Nach 8 Tagen wird die Königin-Made in einer Zelle verdeckelt, die Arbeiterbienen-Made nach 9 Tagen. Jetzt kann die Verpuppung stattfinden. Aus der Larve wird eine Biene. Dies erfordert eine besondere Wärme von etwa 34 Grad Celsius. Durch eine Zitterbewegung der Arbeitsbienen können diese eine Temperatur von 40 Grad Celsius erzeugen. Die Brut kann somit auf die erforderliche Temperatur erwärmt werden. Eine Drohne durchläuft diese ganze Prozedur in ungefähr 24 Tagen, die

Arbeiterinnen brauchen etwa 21 Tage und die Königin ist schon nach 16 Tagen eine „erwachsene“ Biene. Dies spielt sich alles im Bereich des Brutnestes ab. Spricht man nur von den Eiern und den Larven, so bezeichnet man das als Brut.

Vier verschiedene Zellen sollte der Imker leicht auseinanderhalten können. Die Zellen mit Pollen (Farbe der Pollen: weiß, schwarz, gelb oder orange), die immer offen sind. Die Zellen mit der Brut, die noch nicht verdeckelt sind und dann als offene Brutzellen bezeichnet werden. Und dann sind da noch die Honigzellen und die verdeckelten Brutzellen. Erstere erkennt man folgendermaßen: flacher und feiner Deckel, der leicht durchsichtig ist. Die verdeckelten Brutzellen sehen anders aus: gewölbter Deckel, braun gefärbt.

Eine Biene arbeitet nach dem Schlüpfen etwa 4 Tage auf dem Rähmchen, in dem sie sich entwickelt hat. Dabei härtet sich ihr Außenskelett. Dann entwickeln sich mehr und mehr die Futtersaftdrüsen im Kopf der Biene. Diese entwickeln sich auch schnell wieder zurück. Doch für diese Zeitspanne von etwa 5 Tagen können diese Bienen das Gelée Royal für die Königin herstellen. Sie sind nun Ammenbienen und versorgen auch die Drohnen und Larven mit Futterbrei. Jetzt, nach dieser recht kurzen Zeitspanne, kann die Biene auch als Baubiene arbeiten, da sich ihre Wachsdrüsen gut ausgebildet haben. Sie kann Wachs für den Wabenbau absondern und für die Wärme der Brut sorgen.

Diese Zeitspanne dauert in der Regel etwa 7 Tage. Dann verliert die Biene diese wichtige Fähigkeit wieder, da sich die Wachsdrüsen mehr und mehr zurückbilden. Nun kann sie als Wächterin am Eingang der Beute agieren. Diese Aufgabe übernimmt sie für 3 Tage. Sie weist kranke Bienen oder fremde Insekten ab. Die abschließende Aufgabe der Biene im Bienenstock ist das Sammeln von Nektar, Pollen und Wasser. Die letzten Tage ihres Lebens verbringt sie mit der Aufgabe, mit der wir die Biene am ehesten verbinden. Sie ist dann eine sogenannte Trachtbiene, Sammelbiene oder auch

Wasserträgerin. Das heißt nun, dass die Biene in ihrem Leben 21 Tage lang verschiedenste Aufgaben übernimmt, um dann die letzten 21 Tage ihre vielleicht wichtigste Arbeit zu verrichten, die uns den wertvollen Honig beschert. Die Biene kann je nach Witterung des Jahres auch viel länger leben, um auf jeden Fall ihre wichtigen Aufgaben für den Staat verrichten zu können.

Die Drohnen haben eine Lebensdauer von ca. 90 Tagen. Auch sie werden von den Arbeiterinnen versorgt, da sie selbst nicht überlebensfähig wären. Jedes Bienenvolk ist bereit, eine Drohne aufzunehmen, auch, oder gerade, wenn sie aus einem fremden Schwarm stammt. Dadurch wird eine Inzucht innerhalb der Beute verhindert. Ein Austausch der Gene findet statt und für diesen Zweck kann die Drohne auch große Entfernungen zurücklegen.

Ein Nachteil dabei ist natürlich immer das Übertragen von bestimmten Krankheiten. Gehört die Drohne zu den „Auserwählten“, so paart sie sich (es sind immer 30 weitere Drohnen dabei) auf dem Hochzeitsflug mit der Königin, woraufhin diese Drohnen aber alle sterben. Dieser Hochzeitsflug ist der einzige Tag im Leben einer Königin, wo sie die Beute verlässt. Sie wird im besten Fall etwa sechs Jahre alt, meist jedoch höchstens drei Jahre. In manchen Fällen verlässt sie, zusammen mit einem Schwarm, den Bienenstock, um einen neuen Staat zu gründen.

Zahlenmäßig fallen die Arbeiterinnen einzig und allein ins Gewicht. Sie machen fast den gesamten Schwarm aus. Diese Population besteht aus gewöhnlich 15000 bis 20000 Bienen. Im Sommer jedoch erhöht sich ihre Zahl auf oft 100000 Bienen. Für den Imker ist wichtig zu wissen, dass das Gewicht von 100000 Bienen bei etwa 10 kg liegt.

Wichtig für den Imker ist das Kennzeichnen der Königin, wodurch er, gerade wenn er mehrere Bienenstöcke hat, immer das Alter bestimmen kann. Man empfiehlt dabei verschiedene Farben zu benutzen. Geht man an den Bienenstock heran, sollte man bei dieser Aktion niemals auf das Räuchern verzichten. Es beruhigt die anderen Bienen und auch beim wieder Einsetzen der Königin könnte es ansonsten zu Aggressionen der Bienen kommen. Die seitlichen Rähmchen werden entfernt und nur die inneren Rähmchen mit der Brut bleiben eingesteckt.

Dort im Inneren, wo sich auch die Eier und die offene Brut befinden, muss die Königin zu finden sein. Mit der Greifklammer hebt man sie nun vorsichtig heraus und überführt sie in ein sogenanntes Zeichenrohr. Hier ist sie fixiert und durch ein Gitter kann man sie mit einem Farbtupfer gut kennzeichnen. Die Farben, die man benutzt, sind immer: rot, grün, weiß, gelb, blau. Man kann sie dann für 2 Endziffern eines Jahrzehntes festlegen, wodurch man dann immer ein ganzes Jahrzehnt farblich einsortiert hat. Beispiel. 2021: blau, 2026: blau, 2022: rot, 2027: rot, usw. Ein Blick in den Bienenstock gibt uns dann sofort Aufschluss über das Alter der Königin. Bei der Zurückführung der Königin ist auf jeden Fall darauf zu achten, dass das Bienenvolk ihre Königin sofort wieder annimmt!

HIER NOCH KURZ DIE INTERESSANTE GESCHICHTE DER IMKEREI

Imker gibt es schon seit Tausenden von Jahren. In den Urzeiten haben die Bienen (und bis heute die Wildbienen) hohle Baumstämme zum Wabenbau genutzt. Die ersten Schritte zum Imkern machten dann die Menschen, indem sie diese Baumstämme absägten und den Baumstamm-Klotz mit dem Schwarm vor ihr Haus stellten (Klotz-Beute). Das war dann der Anfang der strukturierten Honiggewinnung.

Der Berufsname von Menschen, die den Honig aus dem Wald organisierten, nannte man früher Zeidler. In der Türkei hat das Imkern eine 7000-jährige Geschichte (Anatolien). Die erste Hochzeit des Imkerns erlebte die Menschheit im alten Ägypten. Das ist 5000 Jahre her. Und auch hier entstanden die ersten richtigen Bienenstöcke. Doch diese traten erst 2000 bis 500 Jahre vor Christus auf.

In Israel ist die erste Großimkerei 1000 Jahre vor Christus nachgewiesen worden. Aristoteles in Griechenland beschäftigte sich als Erster wissenschaftlich mit diesem Thema. Vergil (ca. 30 vor Christus), bei den Römern, behandelte das Thema der Bienenhaltung in Versen über mehrere Seiten. Die erste Zunft der Zeidler wurde in Bayern im 14. Jahrhundert gegründet. Diese Zünfte lieferten das begehrte Wachs für die Kerzenherstellung. Dies ist auch der Grund, warum jedes Kloster in der damaligen Zeit über Bienenstöcke verfügte.

Im 16. Jahrhundert findet man Spuren von der Geschichte der Korbimkerei. In Celle (Niedersachsen) war zu dieser Zeit eine berufsmäßige Imkereivereinigung entstanden. Man benutzte sogenannte „Stülpern", womit die Bienenkörbe bezeichnet wurden. Vier der bedeutendsten Forscher, die mit unseren modernen Methoden der Bienenzucht unmittelbar in Zusammenhang stehen, sind: August von Berlepsch, Johann Dzierzon, Karl von Frisch und der Mönch Bruder Adam.

Wichtige Themen: Standort, Rasse und Transport

DER STANDORT

Im Garten oder in der Stadt: Einen Bienenstock aufzustellen ist heute gar nicht mehr so abwegig. Hier hat aber eindeutig die Sicherheit und Ungestörtheit der Nachbarn den Vorrang. Es gibt spezielle Bienenvölker, die besonders friedliebend und wenig angriffslustig sind. Dafür sollte man sich dann auf jeden Fall entscheiden. Auf dem Land ist es natürlich einfach, einen geeigneten Standort zu finden. Das Angebot an Blüten sollte sehr hoch sein und auch der Stellplatz möglichst in der Sonne liegen, denn die Bienen mögen es immer gerne warm. Besitzt man kein eigenes Grundstück, dann muss man mit dem Bauern oder Eigentümer einen formlosen Vertrag abschließen.

Solch ein Vertrag sollte Folgendes beinhalten:

1. Anzahl der Beuten
2. Zugangsbedingungen/Wege
3. Standort
4. Kündigungsbedingungen
5. Haftpflichtversicherung.

Wichtig ist immer zu beachten, dass man auch mit etwas schwererem Gerät jederzeit die Bienenstöcke erreichen kann. Es kann schon sein, dass man für das Aufstellen der Beuten etwas bezahlen muss. Dies kann vielleicht dann auch in Form von Naturalien/Honig ausgehandelt werden. Ob Stadt oder Land, sollte man trotzdem immer ein Auge auf die Nachbarschaft haben.

Schon ein schöner Swimmingpool in unmittelbarer Nähe kann zu Problemen führen. Nicht, dass es die Bienen stören würde! Aber es stört den Nachbarn! Denn die Bienen brauchen viel Wasser und wenn sie es nicht ausreichend zur Verfügung haben, dann fliegen sie gerne solche Pools an.

Der Standort sollte viele Wildblumen beherbergen sowie Sträucher, Büsche und Bäume. Landwirtschaftliche Flächen sind oft eher uninteressant, da sie Monokulturen darstellen und gespritzt werden. Auch für Obstbäume, wenn sie professionell genutzt werden, trifft dieses zu. Zudem ist die Blüte von Apfelbäumen und Kirschen zwar recht früh im Jahr und daher positiv für unsere Bienen zu bewerten, jedoch dauert diese Blütezeit nur 2 Wochen. Je vielfältiger die Umgebung ist, desto besser. Dann nämlich ist eine durchgehende Blütezeit verschiedenster Blumen und Pflanzen gewährleistet.

Im Sommer ist es auch wichtig, den Bienen Wasser zur Verfügung zu stellen. Ist kein/e Au, Teich, Tümpel oder See in der Nähe, muss man auf jeden Fall ein Wasserreservoir herrichten. Wie viele Wildblumen oder Wildkräuter wir in unserer Region in Nordeuropa allein haben, könne Sie im Kapitel „Jahresplan mit Trachten“ nachlesen. Viele von diesen Namen haben Sie sicherlich noch nie gelesen, geschweige denn, diese Kräuter gesehen. Zumindest würden Sie sie dann niemals diesen Namen zuordnen können. Und diese Wildkräuter sind für die Bienenvölker enorm wichtig. Sie erhalten durch deren Nektar die verschiedensten gesunden Inhaltsstoffe. Außerdem blühen sie in ihrer Gesamtheit fast das ganze Jahr hindurch und die Bienen finden, falls gerade viele Kulturpflanzen nicht blühen, hier immer irgendwelchen Nektar.

Falls die Region nicht außergewöhnlich heiße Sommer hat, sollte die Beute immer in der vollen Sonne stehen. Kälte macht den Bienen weniger zu schaffen (im Winter) als Feuchtigkeit. Hier droht immer die Entstehung von Schimmel. Also muss ein trockener Platz gefunden werden. Zu starker Einfluss von Wind sollte auch vermieden werden, ist aber in der Regel zu vernachlässigen. Mehrere Beuten stellt man in der Regel nebeneinander auf. Ein

Halbkreis ist auch möglich, nur sollte verhindert werden, dass die Fluglöcher sich unmittelbar gegenüber befinden. Viele Imker färben die Vorderfront mit dem Flugloch ein wenig, um den Bienen dann die Wiedererkennung der eigenen Beute zu vereinfachen.

DIE RASSE

Welches Volk, welche Rasse wähle ich? Fünf der häufigsten Bienen-Rassen in unseren Regionen sind:

Die dunkle Europäische Biene, die Italienische Biene, die Kaukasische Biene, die Kärntner Biene und die Buckfast Biene.

Die dunkle Europäische Biene ist sehr langlebig aber weniger produktiv.

Die Italienische Biene ist wenig aggressiv, aber auch langsam im Aufbau ihrer Waben.

Die Kaukasische Biene wird für die Propolis-Produktion sehr gerne gewählt, gibt aber eher weniger Honig ab. (Propolis wird auch Bienenharz, Bienenleim oder Stopfwachs genannt und wirkt antibiotisch. Auch hat der Stoff eine antivirale und antimykotische Wirkung und ist daher sehr begehrt.)

Die Kärntner Biene ist wenig aggressiv und sehr früh aktiv, ist aber sehr langsam im Aufbau ihrer Waben.

Die Buckfast Biene ist sehr produktiv und widerstandsfähig, aber hat oft Probleme bei der Überwinterung (sie lagert wenig Honig ab für den Winter).

Die Imker sprechen bei den Bienen vorwiegend von Rassen. Sie haben verschiedene Eigenschaften bezüglich der Farbe der Ringe, die Länge der Zunge, die Haarlänge und den Adern der Flügel usw. Um ein hochwertiges Volk zu erhalten, braucht man eine gute Zuchtlinie. Die Züchtung betrifft dabei immer die Bienenkönigin. Hier ist es ratsam einen erfahrenen Imker bei der Auswahl des Schwarmes hinzuzuziehen. Mehrere Faktoren sind ausschlaggebend: die Vorfahren der Bienen mit ihren Eigenschaften (Widerstandsfähigkeit, Überwinterungsfähigkeit, Sanftmütigkeit und geringe Tendenz zum Schwärmen), die Leistung bei der Eiablage und vieles mehr.

Man kauft einen Schwarm mit etwa 6 Rähmchen und sollte überprüfen, ob diese Rähmchen gut mit Bienen besetzt sind. Man kann sich den Schwarm im Mai/Juni anschaffen, hat dann in dem Jahr aber noch keine richtige Honig-Ernte. Dieser Zeitpunkt wird aber von den meisten Käufern gewählt, da es die Zeit des natürlichen Schwärmens ist. Kauft man zu einem anderen geeigneten Zeitpunkt ein, dann nimmt man gewöhnlich den August/September.

Dies hat den Vorteil, dass man im nächsten Jahr schon eine gute volle Honigernte erwarten kann. Wichtig beim Kauf eines Schwarms ist eigentlich weniger die Rasse als das Alter der Königin. Wurde in eine bestimmte Richtung gezüchtet, wird die Königin einen guten Schwarm hervorbringen, ungeachtet der Rasse. Zumal die meisten Bienenvölker sich aus verschiedenen Rassen (auf die Gene bezogen) zusammensetzen. Wenige Imker arbeiten mit reinrassigen Schwärmen.

DER TRANSPORT VON BIENENVÖLKERN

Wie schaffe ich mein erstes Bienenvolk nach Hause? Man wartet die Dunkelheit ab, wenn sich alle Bienen in der Beute befinden. Durch Räuchern erreicht man, dass sich auch die Wächter-Bienen in die Beute zurückziehen. Der Bienenstock wird dann verschlossen. Der neue Standort, das neue zu Hause, sollte mindestens 3-4 Kilometer vom alten Standort entfernt sein, um sicherzugehen, dass die Bienen die Orientierung zu diesem Platz verloren haben. So wird vermieden, dass viele Bienen des Schwarms entkommen, bzw. verloren gehen. Der Sonnenstand und das Magnetfeld werden von den Bienen genutzt, um ihren momentanen Standort zu bestimmen.

Natürlich erkennen die Bienen ebenso die eigene Beute und die landschaftliche Umgebung. Doch wenn die Bienen in einer ausreichenden

Entfernung mit ihrer Beute neu aufgestellt werden, akzeptieren die Insekten diesen Umzug recht schnell. Der Bienenstock sollte im Auto auf zwei Leisten gestellt werden, um die Belüftung von unten zu gewährleisten. Das gefährlichste beim Transport des Bienenstocks sind größere Erschütterungen. Falls das Chaos in der Beute zu groß wird, fangen die Bienen an, ihren Stock durch Vibration ihrer Flügel zu erhitzen. Kommt jetzt nicht genug Luft in den Bienenstock, so steigt die Temperatur zu stark und der Honig fängt an zu schmelzen. Unter dem großen Gewicht ihres eigenen Futters können die Bienen dann ersticken. Je kürzer die Fahrt ist, desto besser für Ihr neues Bienenvolk.

Ein unteres Gitter reicht zur Belüftung; man sollte auf jeden Fall mit offenem Autofenster fahren. Hat die Beute unten kein Gitter, dann ersetzt man den Innendeckel plus Dach durch ein provisorisches oberes Gitter. Diese Maßnahmen sind bei Fahrten von 60 bis 90 Minuten ausreichend. Bei längerem Transport kann man sowohl von unten als auch von oben mit einem Gitter arbeiten.

Die Belüftung wird dann für das Bienenvolk stark verbessert. Gleichzeitig kann man des Öfteren Pausen einlegen und jedes Mal die Beuten mit Wasser benetzen. Eine gute Vorsichtsmaßnahme ist auch, wenn der Verkäufer die Beute schon am Nachmittag schließt, um die Anzahl der Bienen im Bienenstock stärker zu reduzieren. Die Beute wird dann neu platziert und die Sammlerbienen finden ihren Stock nicht wieder. Sie werden sich einem anderen Schwarm anschließen und der Transport kann nun gefahrloser vonstattengehen. Die Verringerung des Schwarms sorgt dann für etwas Unruhe, dem kann aber durch Fütterung bei der Ankunft am neuen Standort entgegengewirkt werden. Der Verlust von Sammlerbienen wird vom Bienenstaat schnell ausgeglichen, indem Arbeiterbienen schnell zu Sammlerbienen werden.

Nun kann die Beute aufgestellt werden. Falls man aus irgendeinem Grund nicht sofort die Möglichkeit hat, den Bienenstock aufzustellen, muss man einen kalten und dunklen Ort haben, in dem man den Stock unterstellt. Bei Kälte und Dunkelheit rückt der Schwarm zusammen und wird nicht versuchen zu flüchten. Auch hier sollte das Bienenvolk gefüttert werden. Nutzt man zum Transport einen Ableger-Kasten, so müssen die Bienen in den neuen Bienenstock verfrachtet werden.

Sie werden eingeräuchert, um sie zu beruhigen, und die Rähmchen in der Mitte der neuen Beute platziert. Auf jeden Fall sollte die vorherige Reihenfolge dabei eingehalten werden. Je ein leeres Rähmchen sollte zusätzlich von beiden Seiten neu dazu gesetzt werden. Der Deckel des Ableger-Kastens wird mit den Bienen in die neue Beute hinein abgeklopft und dann der gesamte Transportkasten umgedreht, um den Rest der Bienen in ihr neues Zuhause hinein zu befördern. In den folgenden Wochen sollte der Schwarm etwa alle zwei Tage mit Futter versorgt werden.

Die Pflege, Gesundheit und Beobachtung der Beute

PFLEGE UND BEOBACHTUNG IHRER BEUTE

Außer den anderen wichtigen Arbeiten mit Ihrem Bienenvolk, ist es auch immer gut, ein interessiertes Auge auf die Beute zu werfen und den Bienenstock und das Volk zu pflegen. Zwei wichtige Ziele eines Imkers sind: hinzuarbeiten zu einem gesunden und produktiven Bienenvolk sowie die Verhinderung der Tendenz der Bienen zum Schwärmen. Das Risiko des Schwärmens ist im April und Mai eines Jahres besonders hoch.

Daher ist die Beobachtung im Frühjahr besonders wichtig, wie aber auch zum Abschluss des Jahres im Herbst. Dann werden auch die Beuten winterfest gemacht und alle anderen Arbeiten durchgeführt, die für das Überwintern der Bienen wichtig sind. Immer wieder muss man betonen, dass diese scheinbar wichtige Verhinderung der Schwarmbildung nicht alle Imker so sehen!

Bei jeder Öffnung der Beute muss dem Imker bewusst sein, dass der Bienenstock abkühlt und dadurch nicht mehr die natürliche Temperatur vorherrscht. Daher wird empfohlen, sich für diese Arbeiten Hochdruckwetter auszusuchen, da bei Tiefdruck oder gar Gewitterluft, die Bienen aggressiver und unruhiger sind. Auch sollte man daran denken, dass sich Larven in der Beute befinden, die auf bestimmte Temperaturen in ihrer Entwicklung reagieren. Gut ist auch, wenn der Wind nicht zu stark ist. Auf jeden Fall sollte man immer das Räuchern anwenden, um die Bienen zu beruhigen.

Wachsbrücken (mit dem Stockmeißel) an der Oberseite der Rähmchen müssen entfernt werden. Alles sollte notiert werden wie: Wie viel Honig befindet sich etwa in den Rähmchen? Wie viele Rähmchen sind überhaupt mit Honig gefüllt? Wie viele Bruträhmchen sind vorhanden usw. Die Königin wird sich immer, sofern Ruhe und der Normalzustand in der Beute herrschen, auf dem Rähmchen mit der offenen Brut aufhalten. Das Rähmchen mit der Königin sollte immer genau über der Beute gehalten werden, damit, falls sie herunterfällt, immer in den Bienenstock zurückfällt. Rähmchen, die beschädigt, schimmlig oder stark geschwärzt sind, müssen entfernt werden. Jetzt im Frühjahr kann auch eine Behandlung gegen die Varroamilbe durchgeführt werden. Eine Fütterung der Bienen (Sirup und Wasser 50:50) muss erfolgen.

Tote Bienen, die auf dem Boden der Beute liegen, sind normal, wie auch Abfall von Wachs, Milben und Propolis. Viruserkrankungen erkennt man, wenn es viele schwarze Bienen mit zerstörten Flügeln gibt oder Bienen, die sich zitternd und schwach versuchen emporzuziehen. Zu viele tote Bienen (500 bis 1000) sind natürlich ein sehr schlechtes Zeichen und dies muss dann untersucht werden (Vergiftung?).

Hat man Mykose in der Beute, dann findet man viele Mumien mit ausgetrockneten Larven. Sie können weiß, grau oder schwarz sein. Die gutartige Ruhr oder die gefährliche Nosemose (meldepflichtig) erkennt man an zungenförmigen Exkrementen auf dem Dach der Beute sowie an der Vorderseite. Handelt es sich nur um braune runde Flächen, sind dies nur die normalen Exkremente der Bienen. Findet man seine Brut mit zu vielen leeren Zellen vor, so kann es sein, dass die Königin zu alt oder auch krank ist.

Im Herbst fallen ähnlich arbeiten an. Wieder sollte der gesamte Zustand der Beute, vor allem an den Rähmchen, kontrolliert werden. Der Monat, in dem man den Bienenstock auf den Winter vorbereitet, ist der September. Die letzte Zufütterung kann jetzt stattfinden, außer der Monat ist außergewöhnlich warm und das milde Klima zieht sich noch bis zum Oktober hin. Suchen Sie die Königin und überprüfen Sie ihr Alter. Zum einen kann es schon passieren, dass die Königin abhandenkommt und zum anderen ist jetzt die beste Zeit, die Königin eventuell auszutauschen. Gerade wenn sie zu wenig Eier legt oder schon älter als 2 bis 3 Jahre ist. Im Frühsommer sollten diese Arbeiten auch einmal in der Woche durchgeführt werden.

Hier sollte der Aufwand an Zeit allerdings sehr knapp bemessen sein. Es geht um den Honig in den Waben, ob dieser ausreicht, die Bienen zu versorgen. Auch die Eiablage muss durch genügend Rähmchen gewährleistet sein. Der Blick auf die Weiselzellen, das sind die besonderen Zellen für die Aufzucht der Bienenköniginnen, sollte dabei auch im Vordergrund stehen. Man schaut, ob neue Weiselzellen gebaut wurden. Auch hier ist wieder das Thema von Krankheiten und Parasiten.

Bei den Überprüfungen kann man auch entscheiden, ob man ein sogenanntes drohnenbrütiges Volk teilt. Zu viele männliche Bienen würden den Bestand des Volkes in ein Ungleichgewicht bringen. Man erkennt dies an den ausgeprägt gewölbten Deckel der Zellen, da eine männliche Biene mehr Platz braucht, da sie größer ist. Der Imker spricht hier von einer Buckelbrut. Die Drohne passt eigentlich nicht in die Brutzelle einer Arbeiterin.

Zur Drohnenbrütigkeit kommt es oft, wenn die Königin nicht mehr genug Vorrat an Spermien hat, und das Bienenvolk den Austausch der Königin nicht bewerkstelligt. Diese „Stille Umweiselung“ passiert eigentlich automatisch, ansonsten kommt es tatsächlich zu dieser sogenannten Drohnenbrütigkeit. Eine alternative Situation, die zum gleichen Ergebnis führt, ist, wenn die Königin verloren gegangen ist. Dann beginnen Arbeiterinnen unfruchtbare Eier zu legen (Afterweiseln). Es kommen viele Drohnen zur Entwicklung. Selbst eine Hinzufügung einer neuen Königin kann bei einem solchen Schwarm zu aggressivem Verhalten der Arbeiter-Bienen führen und die Königin droht dann sogar getötet zu werden. Das Teilen des Schwarms erledigt man, indem man die Rähmchen in 20-30 m Entfernung ausschüttelt. Die meisten dieser Bienen werden sich in eine neue Beute integrieren lassen. Viele dieser heruntergeschüttelten Bienen sind ja auch keine Sammel-Bienen und sind in ihrer Bewegung recht schwerfällig. Sie werden die alte Beute nicht anfliegen.

Anders herum ist es oft auch sinnvoll, Bienenvölker zu vereinigen. Entweder hat das eine Volk eben keine Königin mehr, oder die Königin ist bereits zu alt geworden, um die erforderliche Fruchtbarkeit zu besitzen. Für diese Aktion hat es sich bewährt, die Beuten Tag für Tag ein bisschen näher aneinanderzustellen. Das können Schritte von bis zu einem Meter sein. Die Zusammenführung kann das ganze Jahr über geschehen, doch der Herbst hat sich hierbei als die günstigste Jahreszeit herauskristallisiert.

Denn über den Winter ist es für die beiden Völker sehr einfach, sich aneinander zu gewöhnen. Die junge Königin auf ihrem Rähmchen wird dafür in die Mitte des alten Volkes (ist dann ja meist das stärkere Volk) und ihrer Beute hineingesetzt. Zusätzlich kommen rechts und links Rähmchen ihres eigenen Volkes noch dazu. Jetzt nehmen Sie die Rähmchen des alten Schwarms und positionieren Sie sie um die neue Königin mit ihren Bienen. Dann folgen wieder die Pollenrähmchen, und zum Schluss die Honigrähmchen.

Die Fütterung Ihrer Bienen kann das ganze Jahr erfolgen, also Frühjahr, Sommer und Herbst. Da Sie als Imker ja viel Futter in Form von Honig entnehmen, haben die Bienen eigentlich immer eine gewisse Futterknappheit. Natürlich kann man überlegen, ob man zur Gesundheit des Bienenvolkes lieber etwas weniger von diesem kostbaren Futter entnimmt. Gerade im ökologischen Bereich ist dies üblich. Das Wohlergehen und die Gesundheit der Insekten stehen in dieser Form der Imkerei mehr im Vordergrund. Die kräftige physische Konstitution der Bienen führt wiederum zu weniger Krankheiten und geringerem parasitären Befall. Ein zu starker Eingriff in die Natur, kann bei unüberlegtem Handeln zu langfristigen Problemen führen, die wir im ersten Moment gar nicht erkennen. Beziehungsweise fehlen uns oft die gute Beobachtungsgabe und das Erkennen der Zusammenhänge, um die richtigen Rückschlüsse zu ziehen. Im Herbst finden die Bienen nicht mehr genügen blühende Pflanzen, um Vorräte für den Winter anzulegen. Werden die Bienen jetzt zugefüttert, ziehen sie vermehrt Bienen auf. Selbst versorgen sich die Bienen mit Zucker, Pollen und wenn vorhanden (sonst wird dies vom Imker bereitgestellt) Wasser.

Bei starker Hitze kann der Bedarf eines Bienenvolkes immerhin 1,5 l Wasser betragen. Sie brauchen lauwarmes Wasser. Am besten ist es, wenn das Wasser tropfenweise auf ein Holzbrett fließt. Zucker sammeln die Bienen durch den Nektar und verwandeln ihn in Honig. Die Zufütterung von Zucker erfolgt durch einen Sirup und durch Futterbrei. Der verwendete Zucker sollte speziell für den Imker hergestellt sein, da möglichst keine Mineralsalze enthalten sein dürfen. Diese sind für Bienen unverdaulich. Bester Kristallzucker in den Supermärkten ist, wenn er keinerlei Beimengungen enthält, auch gut für die Bienen geeignet.

Der Sirup wird 50:50 mit Wasser verdünnt und hält sich nur einige Tage (Vergärung). Gekauftes Sirup-Konzentrat wird in der Regel mit 30 bis 50 % Wasser verdünnt. Der Vorteil des gekauften Sirups ist, dass die Haltbarkeit sogar mehrere Jahre betragen kann. Die Zuckerlösung kann oben auf den Innendeckel der Beute gestellt werden oder als Futtertasche zwischen die Rähmchen in die Beute eingesetzt werden.

Dafür muss natürlich ein Rähmchen-Platz frei gemacht werden. Auch der Futterteig wird verabreicht, um den fehlenden Honig zu ersetzen. Gerade in der kalten Jahreszeit ist dies eine geeignete Zufütterung. Doch viele Imker nutzen diese Variante nur als Notfütterung. Der Futterteig wird einfach oben auf die Rähmchen gelegt, gleich in der Nähe der Wintertraube. Meist ist er in Folie verpackt und die Erfahrung zeigt, dass es reicht, ein paar Schlitze in den Kunststoff zu schneiden. Dies hat den Effekt, dass das Futter nicht so schnell austrocknet. Der Imker bedeckt diesen Futterteig mit Kunststofffolie. Futterteig besteht hauptsächlich aus Traubenzucker. Zum Beispiel kann man Ambrosia Bienenfutterteig im Handel kaufen.

Manche Imker stellen diesen Futterteig auch selbst her. Sie nehmen dafür 4 Teile Puderzucker und 1 Teil Honig (Wichtig: nur den Honig der eigenen Bienen!) Dieses Gemisch wird dann 24 Stunden lang an einen warmen Ort gestellt. Falls die Masse dann zu trocken ist, kann ein wenig (!) Wasser zugegeben werden. Genaueres kann man unter der angegebenen Webseite

(6) – Quellenverzeichnis, nachlesen. Nach nochmaliger Reifung von 24 Stunden wird der Teig in Frischhaltebeutel gefüllt.

Pollen sind das weitere Nahrungsmittel, welches natürlich unverzichtbar für die Bienen ist. Die Pollen als Laie zu „ernten" und für die beste Konservierung zu sorgen, ist recht schwierig. Frische Pollen schimmeln sehr schnell und in getrockneter Form ist er von sehr schlechter Qualität. Daher kommt für den Imker nur das Gefrieren infrage. Die Pollen liefern den Bienen die lebenswichtigen Proteine.

DIE GESUNDHEIT DER BIENEN

Wichtig ist für den Imker, die Krankheiten und Parasiten zu kennen, die ein Bienenvolk befallen oder bedrohen können. Eine neue Bedrohung stellt der Kleine Beutenkäfer dar. Als zweites ist die Asiatische Hornisse zu nennen. Und als letztes die gefürchtete Varroamilbe. Helfen kann als erstes schon mal die Hygiene, aber auch die Bienenrasse kann von Bedeutung sein.

Einige Rassen sind nämlich sehr arbeitsam bezüglich der Reinheit in der Beute. Tote Bienen und fremdes Material werden schnell von ihnen aus dem Bienenstock geschafft. Das Desinfizieren ist eine gute Möglichkeit Keime fernzuhalten. Das betrifft: Bodenplatte (evtl. jährlich austauschen), den Stockmeißel, die Lötlampe, die Handschuhe und die Kleidung. Plastikteile hingegen werden mit Sodalösung behandelt oder mit Chlorwasser.

Die Europäische Faulbrut, auch Sauerbrut genannt, entsteht bei Proteinmangel der Bienen oder auch durch die Varroamilbe. Sie schwächt zumindest das Bienenvolk und macht es anfälliger. Oft ist das Pollenangebot aus irgendeiner Ursache zu einem bestimmten Zeitpunkt zu gering und die wichtigen Nährstoffe fehlen dem gesamten Schwarm. Man erkennt diese Erkrankung an dem säuerlichen Geruch, der einem entgegenschlägt, wenn man die Beute öffnet. Die Zellen der Larven sind offen und darin verwest der Nachwuchs.

Bei der Amerikanischen Faulbrut handelt es sich um eine sehr schwere

Erkrankung und der Erreger kann Jahrzehnte überstehen. Jeder Imker hat wohl schon eine Begegnung mit diesem Erreger gehabt. Hier riecht die Beute auffällig nach Ammoniak und Fischleim. Sogar die Zellen, in denen sich die Larven befinden, sind leicht eingefallen. Auch hier geht man von einem Proteinmangel aus. Der ausschließliche Erreger wird lateinisch „Paenibacillus larvae" genannt. Ein Bienenvolk, welches durch diesen Erreger befallen wurde, muss sofort vernichtet werden. Das gesamte Material muss natürlich desinfiziert und ggf. erneuert werden.

Die erfrorene Brut ist ein relativ normales Phänomen. Die Bienen in der Beute können nicht mehr die gesamte Brut warmhalten und trennen sich von zahlreichen Larven. Sie werden sozusagen im Stich gelassen und erfrieren in kalten Nächten. Die Arbeiter-Bienen konzentrieren sich dann auf das Überleben der übrigen Brut. Pilzerkrankungen verlaufen meist nicht tödlich, aber sie haben zur Folge, dass kaum oder kein Honig geerntet werden kann. Man nennt diese Pilze auch Mykosen. Viele tote Larven werden sich dann auf dem Boden der Beute befinden und viele Zellen der Brut sind leer. Beim Auftreten von Mykosen hat es sich bewährt, die Königin auszutauschen. Die Gene des Schwarms müssen sich so verändern, dass eine Resistenz aufgebaut wird, bzw. die Schwäche für diesen Befall herausgezüchtet wird. Dafür ist es oft ratsam, einen guten Imker (der auch Königinnen abgibt) mit einer guten Züchtung, um Rat zu fragen. Tritt der Pilzbefall ab dem Hochsommer auf, kann es sogar unumgänglich sein, das Volk zu vernichten.

Die Varroamilbe ist heutzutage bei allen Imkern ein Thema. Sie wurde um 1980 aus Asien nach Europa eingeschleppt. Die Milbe nistet sich in den Brutzellen ein, um sich und seine Nachkommen von den Bienen-Larven zu ernähren. Dazu sticht sie die Larve an und schwächt die spätere Biene stark. Die Milben hängen sich an die Biene und sind durch ihre doppelt so hohe Lebenserwartung ein ernstes Problem.

Trägt eine Arbeiterin eine Varroamilbe in den Bienenstock, so versteckt sich die Milbe unter den Larven. Ist die Brutzeit der Bienen vorbei, so findet man die Milben direkt auf den Bienen. Dies kann im Spätsommer zu einem schnelleren Sterben der Bienen führen. Will man nun eine chemische Behandlung durchführen, muss man bedenken, dass dies nicht in der Zeit erlaubt ist, wo sich noch Honigraum in der Beute befindet. An anderer Stelle ist schon erwähnt worden, dass evtl. eine biologische Bekämpfung mit Puderzucker oft Erfolg gebracht hat.

Eine weitere Gefahr für Ihren Bienenstock kann eine Vergiftung sein. Meist handelt es sich um chemische Stoffe, die beim Sammeln von Nektar und Pollen mit aufgenommen werden. Hat eine Vergiftung stattgefunden, so findet man viele tote Bienen in der Beute. Alle diese Bienen lassen ihre „Zungen" heraushängen. Oft kann man nur den Standort der Beute verändern, um Felder, die mit Pestiziden behandelt wurden, aus dem Weg zu gehen. Eine proteinhaltige Fütterung mit Futterteig kann dann evtl. helfen, da dies die Eiablage der Königin fördert.

Viruserkrankungen sind noch zu erwähnen. Diese stehen aber immer im Zusammenhang mit der Schwächung eines Bienenvolkes.

Mehrere Faktoren können dabei zusammenspielen. Die Bienen krabbeln dann oft hilflos auf dem Boden der Beute herum, ohne in der Lage zu sein, zu fliegen. Hier helfen alle Maßnahmen, die schon erwähnt wurden, die das Bienenvolk in ihrer Widerstandskraft stärken. Die Namen dieser Viruserkrankungen sind: Maikrankheit, Waldtrachtkrankheit (Schwarzsucht), Akute-Bienen-Paralyse-Virus und das Flügel-Deformations-Virus. So genannt, da die Bienen ihre Flügel seitlich abstellen oder die Flügel selbst sogar verkrüppelt sind. Die Ursachen dieser Deformation fand dann oft schon bei der Verpuppung statt.

Als letztes sei noch die Nosemose genannt. Sie befinden sich in der Darmwand der Bienen. Auch hier vermutet man Insektizide aus der Landwirtschaft als Verursacher. Der Leib der Bienen wirkt dann aufgedunsen und man findet zungenartige Ablagerungen von Exkrementen der Bienen.

Entweder findet man sie an der Vorderseite der Beute oder auf den Rähmchen. Man sagt, dass hier die Darmfunktion der Bienen geschwächt wird. Auch scheint es, als ob die Darmwand Verletzungen aufweist. Oft geben die Imker dem Futterbrei oder dem Sirup ein wenig Essig zu. Auch bei der Nosemose hat man durch diese Zugabe schon viele Erfolge erzielt. Allerdings nur für den Neubefall als Vorbeugung. Ist der Schwarm erst einmal befallen, hilft nur noch die Vernichtung des ganzen Staates.

FEINDE DER BIENEN

Zu den Feinden der Bienen gehört der Kleine Beutenkäfer. Er wurde erst 2014 sowohl nach Portugal als auch nach Italien eingeschleppt. Er legt seine Eier, wie der Name es auch schon vermuten lässt, in der Beute der Bienen ab. Die entstehenden Larven des Käfers fressen die Waben der Beute auf. Die Larven verlassen zwar den Bienenstock und fangen an sich zu verpuppen, können sich jedoch auch auf Früchten (reif) vermehren. Daher ist der Fortbestand dieses Käfers auch dann gesichert, wenn ihn der Imker scheinbar erfolgreich bekämpft hat.

Ist die Beute befallen, verströmt sie einen Geruch von verfaulten Orangen. Der Honig ist nicht mehr zu gebrauchen und das gesamte Bienenvolk wird sterben. Einige Fehler, die diesen Schädling begünstigen, lassen sich vermeiden. Rähmchen mit Waben und Resthonig sollten niemals einfach herumliegen, wie auch sonstiger Abfall.

Das Schwefeln der nicht benötigten Zargen wird empfohlen. Auch eine Desinfektion mit der Lötlampe sollte vorgenommen werden. Dies betrifft auch die aktuellen Beuten, die befallen wurden.

Die beiden größten Feinde der Biene, von denen sie gefressen wird und die ihnen dadurch schon sehr gefährlich werden können, sind der Grünspecht und die Asiatische Hornisse.

Einige andere Tiere haben auch die Biene auf der Speisekarte, sind aber eher nicht so gefährlich für einen ganzen Bienenstock: Totenkopfschwärmer, Spitzmaus, Ameisen, Eidechsen, Bienenfresser und die Europäische Hornisse.

Der Grünspecht kommt zwar erst als Feind zur Zeit der Fröste in Betracht, weil er dann nicht mehr genügend Nahrung findet, dafür schlägt er aber umso „brutaler" zu. Er hämmert auf die Bienenkästen ein, bis er ein Loch hineingeschlagen hat, und holt sich dann die Bienen heraus. Das ist natürlich ärgerlich für den Imker. Ein möglicher Schutz ist dann meistens nur ein großes, überspannendes Netz.

Die Asiatische Hornisse ist zwar etwas kleiner als unsere Europäische Hornisse, kann aber ein ganzes Bienenvolk ausrotten. Sie legt sich bewegungslos über das Flugloch und tötet dort eine Biene nach der anderen. Ziemlich bestialisch beißt sie den Bienen den Kopf und das Hinterteil ab. Die Muskeln des Brustbereichs zieht sie heraus und legt dort ihre Eier hinein, von denen sich ihre Larven dann später ernähren können. Gott sei Dank fühlt sie sich bei uns nicht ganz so wohl. Denn Feuchtigkeit und Kälte verträgt sie nicht so gut. Dennoch ist sie seit 2014 auch in Deutschland zu finden. Etwa 10 Jahre zuvor wurde sie in Südfrankreich eingeschleppt. Sie bauen sich in den Kronen der Bäume, weit oben, ein riesiges Nest. Spezielle Fallen können Abhilfe schaffen. Oft ist jedoch das Zerstören ihrer Nester der effektivste Schutz unserer Bienen.

DAS ABTÖTEN EINES BIENENVOLKES

Auch das Abtöten eines Bienenvolkes muss gelernt sein. Neben den oben erwähnten Krankheiten ist es in seltenen Fällen auch dann notwendig, ein Bienenvolk auszulöschen, wenn die Bienen außergewöhnlich aggressiv sind. Zum Abtöten eines ganzen Volkes setzt man eine leere Zarge in die „oberste Etage". Dies muss mit Rähmchen bestückt sein. Die Bodenplatte muss dann noch verschlossen werden. Wenn es dunkel ist, schließt man das Flugloch der Bienen. Man steckt einen Schwefelfaden in eine Blechdose, zündet ihn an und stellt die Dose auf die Rähmchen. Das Dach wird wieder verschlossen. Am nächsten Tag sollten die Bienen tot sein. Wenn nicht, muss die Prozedur wiederholt werden. Die Rähmchen und die toten Bienen müssen verbrannt werden. Selbst die Asche sollte man dann noch in der Erde vergraben.

Jahresplan mit Trachten

Falls man unsicher ist, welche Aufgaben gerade anstehen und welche Dinge in der jeweiligen Jahreszeit zu beachten sind, ist hier noch mal ein Jahresplan zusammengestellt. Stichwortartig sind alle wichtigen Themen des Monats aufgeführt. Dazu sind noch die wichtigsten Trachten angegeben, als auch zusätzlich die der Wildkräuter. Dies weicht natürlich je nach Region in Deutschland ein wenig ab. Als Maßstab ist hier der Norden von Deutschland ausgewählt worden. (Sowohl hinsichtlich des Klimas als auch der entsprechenden Pflanzen.)

DER JAHRESPLAN

Januar

- Die Bienen befinden sich zusammen in einer Wintertraube
- Die Ernährung erfolgt jetzt durch die angelegten Vorräte
- Ab und zu führen die Bienen Flüge zur Reinigung der Beute aus
- Das Flugbrett sollte begutachtet werden. (Auswurf von „Müll")
- Säuberung des Kastenbodens möglich
- Futter zur Ergänzung für den Frühling einkaufen/herstellen
- Rahmen herstellen, sonstiges Material zurechtlegen
- Waben für die Drohnen herstellen

Die Wintertraube in der Beute ist jetzt zu bestaunen. Für ihre Abfälle bilden sie eine sogenannte Kotblase. Steigt die Außentemperatur über 10 Grad Celsius, dann tätigen die Bienen Reinigungsausflüge. Auch ihre eigenen Abfälle

(Kot) werden dann im Flug abgelassen.

Tracht: Keine Tracht

Trachten der Wildkräuter: Keine Tracht

Februar

- Wetter beobachten und auswerten
- Varroa-Befall in der Region beobachten. Informationen sammeln
- Ansonsten alle Arbeiten wie im Januar

Schon im Vorfrühling macht man Beobachtung in der Beute. Die Temperatur des Brutnestes kann jetzt schon auf 35 Grad Celsius ansteigen. Auch der Verbrauch des Honigs kann sich schon erhöhen. Die Königin fängt an, Eier abzulegen.

Tracht: Schneeglöckchen, Winterling, Hasel

Trachten der Wildkräuter: Gänseblümchen, Märzbecher, Kleines Schneeglöckchen, Winterling

März

- Beobachtung des Hygieneverhaltens der Bienen
- Kastenboden sollte nicht zu stark verunreinigt sein. Das Volk ist dann nicht in Ordnung
- Bruttemperatur muss etwa 36 Grad Celsius haben. Unterstützung durch Isolation der Beute
- Verlorene Wärme kostet die Bienen Energie und sie müssen viel fressen
- Unbesetzte Waben sollen herausgenommen werden. Mehr Wärme bleibt

dann erhalten

- Futter zur Ergänzung geben. Gerade bei Kälteperioden. Brutaufzucht beginnt
- Blütenpollen evtl. ebenfalls zufüttern. Gerade bei Kälteperioden
- Viele Arbeitsbienen werden sich nur entwickeln, wenn viel Futter da ist
- Überprüfung des von den Bienen selbst bevorrateten Futters
- 35 Tage vor der Tracht sollte die Zufütterung erfolgen
- Falls eine Vereinigung der Völker ansteht, ist jetzt der richtige Zeitpunkt
- Kranke Völker müssen jetzt vernichtet werden
- Drohnenbau kontrollieren
- Überwinterung/Stärke der Bienenvölker überprüfen
- Hygiene kontrollieren und Bienen, die tot am Boden liegen, entsorgen
- Befall von Varroa untersuchen
- Unbesetzte Waben herausnehmen
- Kleinvölker, die gesund sind, vereinigen
- Polleneintrag beobachten. Findet Raub statt?
- Tränke für die Bienen ggf. aufstellen
- Waben vorbereiten
- Gitter gegen Mäuse kann entfernt werden
- Überprüfung auf Drohnenbrütigkeit
- Evtl. Vereinigung von schwachen Völkern
- Evtl. weiteren Brutraum aufsetzen
- Weidenanflug forcieren. Eiweißversorgung der Brut und der Bienen ist

dann fast garantiert. Daher immer ein paar Weiden in der Nähe der Beuten selbst pflanzen

Alle Maßnahmen zusammen fallen unter den Begriff „Völkerführung“. Die Bienen werden aktiv. Der Futtersaft wird hergestellt. Die Bienen entnehmen die Energie für diese Herstellung ihrem eigenen Körper. Das angelegte Polster wird damit praktisch verbraucht. Ansonsten bedienen sich die Bienen am Pollenvorrat in der Beute. Daher brauchen sie jetzt auch vermehrt Wasser. Die Brut befindet sich nun auf etwa 4 Rähmchen.

Tracht: Schneeglöckchen, Winterling, Hasel, Pappel, Erle, Kornelkirsche, Märzenbecher, Schneeheide, Buschwindröschen, Weide, Krokus

Trachten der Wildkräuter: Persischer Ehrenpreis, Gänseblümchen, Gewöhnliches Leberblümchen, Hohler Lerchensporn, Mittlerer Lerchensporn, Märzbecher, Scharbockskraut, Kleines Schneeglöckchen, Sternmiere, Vogelmiere, Purpurrote Taubnessel, Waldveilchen, Wohlriechendes Veilchen, Buschwindröschen, Winterling

April

- Kontrolle des Futtervorrates
- Möglichkeit zum Drohnenbau einleiten. Evtl. vor dem Schlüpfen ausbrechen, zur Bekämpfung der Milben (Varroa)
- Neue Rähmchen zur Verfügung stellen
- Auf Wärmeisolation achten. Die Entwicklung der Völker wird verbessert
- Sehr gut entwickelte Völker hinsichtlich Schwarmzellen kontrollieren
- Zucht der Königinnen vorbereiten
- Fangen die Kirschen an zu blühen? Sofort Honigraum schaffen

- Löwenzahnblüte beobachten
- Überprüfung der Beuten auf Sauerbrut

Das erste Angebot an Nektar führt zu einem starken Brutauftrieb. Noch legt die Königin nicht ganz so viele Eier ab. Später jedoch können es weit über 1000 pro Tag sein. Auch der Baubetrieb kommt jetzt in Schwung. Es werden dann Zellen für die Arbeiterinnen-Bienen, als auch für die Drohnen hergestellt. Die Anzahl der Flug- oder Sammelbienen beläuft sich jetzt auf 30-40 %. Der Rest teilt sich auf in Stock- oder Jungbienen.

Ein ständiger Futteraustausch in der Beute bewirkt auch einen Austausch der Weiselpheromone. Dies treibt die Bienen zu weiterer Höchstleistung an. Sie wissen jetzt, dass es gilt, den Bienenstaat zu vermehren und dadurch das Überleben zu sichern. Auf den Brutraum wird nun ein Honigraum aufgesetzt (zweite Aprilhälfte). Bei ausgeprägtem Blütenangebot kann sogar ein zweiter Brutraum aufgesetzt werden.

Tracht: Pappel, Erle, Kornelkirsche, Märzenbecher, Schneeheide, Buschwindröschen, Weide, Krokus, Aprikose, Stachelbeere, Winterrübsen, Johannisbeere, Pfirsich, Süßkirsche, Sauerkirsche, Birne, Apfel, Pflaume, Rotbuche, Birke, Mahonie, Löwenzahn, Heidelbeere, Ahorn, Eiche

Trachten der Wildkräuter: Persischer Ehrenpreis, Gänseblümchen, Silberblättrige Goldnessel, Gewöhnliches Leberblümchen, Hohler Lerchensporn, Mittlerer Lerchensporn, Märzbecher, Scharbockskraut, Schöner Blaustern, Sumpfdotterblume, Gamander Ehrenpreis, Gewöhnlicher Gundermann, Kleines Immergrün, Schwarze Krähenbeere, Dunkle Wiesenkuhschelle, Gewöhnliche Kuhschelle, Mittlerer Lerchensporn, Rote Lichtnelke, Doldenmilchstern. Bachnelkenwurz, Frühlingsplatterbse, Waldsauerklee, Wiesenschaumkraut, Schöllkraut, Große Sternmiere, Vogelsternmiere, Wildes Stiefmütterchen, Gefleckte Taubnessel, Purpurrote Taubnessel, Weiße Taubnessel, Hainveilchen, Waldveilchen, Wohlriechende Veilchen,

Wiesenlöwenzahn, Buschwindröschen, Gelbes Windröschen, Winterling, Zypressen Wolfsmilch

---

Mai

- Aufsetzen von Honigraum
- Absperrgitter einsetzen
- Waben mit voller Brut in die Honigräume hängen (Stattdessen dann leere Rähmchen einsetzen)
- Jede Woche eine Schwarmkontrolle machen
- Neue Rähmchen zum Bauen einsetzen
- Bei Knappheit an Blüten die Futtervorräte kontrollieren
- Varroa-Befall überprüfen
- Gegen Mitte eines Tages beobachten, ob Bienenschwärme ausziehen
- Beginn der Königinnenzucht. Evtl. Zukauf
- Wabenschrank bearbeiten, Bekämpfung der Wachsmotte
- Evtl. Ende des Monats Ernte des Blütenhonigs
- (Faustregel ist der Anteil der Waben, die verdeckelt sein müssen: 75 %.)

Die Bienen in der Beute sind ständig auf der Suche nach wichtigen Aufgaben. Beim Umherkrabbeln auf den Waben nehmen sie wichtige Reize auf und verarbeiten diese. Ihre verrichtenden Arbeiten hängen dann von ihrem Körper- und Entwicklungsstand ab. Die Sammelbienen fliegen jetzt ungefähr 8-15 Mal aus, um Nektar, Pollen oder Wasser zu sammeln. Die Dauer eines Fluges beträgt dann etwa eine Zeit von 25 bis 45 Minuten. Um ihre Honigblase vollzufüllen, nimmt sie ca. 55 mm^3 an Nektar auf. (Das wären immerhin 4 mm x 4 mm x 4 mm Ausdehnung.)

Tracht: Weide, Krokus, Aprikose, Buschwindröschen, Stachelbeere, Winterrübsen, Johannisbeere, Pfirsich, Süßkirsche, Sauerkirsche, Birne, Apfel, Pflaume, Rotbuche, Birke, Mahonie, Löwenzahn, Heidelbeere, Ahorn, Eiche, Winterraps, Sommerrübsen, Kiefer, Fichte, Sommerraps, Felsenmispel, Rosskastanie, Inkarnatklee, Erbse, Ölrettich, Himbeere, Ackerbohne, Faulbaum, Preiselbeere, Weißklee

Trachten der Wildkräuter: Persischer Ehrenpreis, Gänseblümchen, Silberblättrige Goldnessel, Hohler Lerchensporn, Mittlerer Lerchensporn, Scharbockskraut, Schöner Blaustern, Sumpfdotterblume, Gamander Ehrenpreis, Gewöhnlicher Gundermann, Kleines Immergrün, Schwarze Krähenbeere, Dunkle Wiesenkuhschelle, Gewöhnliche Kuhschelle, Rote Lichtnelke, Doldenmilchstern, Bachnelkenwurz, Frühlingsplatterbse, Waldsauerklee, Wiesenschaumkraut, Schöllkraut, Große Sternmiere, Vogelsternmiere, Wildes Stiefmütterchen, Gefleckte Taubnessel, Purpurrote Taubnessel, Weiße Taubnessel, Hainveilchen, Waldveilchen, Wiesenlöwenzahn, Buschwindröschen, Gelbes Windröschen, Zypressen Wolfsmilch, Arznei-Baldrian, Kleiner Baldrian, Wiesenbocksbart, Bach-Ehrenpreis, Quendelblättriger Ehrenpreis, Walderdbeere, Zimterdbeere, Wiesenflockenblume, Gewöhnliche Goldnessel, Gewöhnliche Grasnelke, Kriechender Günsel, Geöhrtes Habichtskraut, Mausohr-Habichtskraut, Wald-Habichtskraut, Brennender Hahnenfuß, Knolliger Hahnenfuß, Kriechender Hahnenfuß, Scharfer Hahnenfuß, Wolliger Hahnenfuß, Hopfenklee, Taumel-Kälberkropf, Gewöhnliches Katzenpfötchen, Wiesenkerbel, Kleiner Klee, Schweden-Klee, Weißklee, Sumpflabkraut, Wiesenlabkraut, Bärlauch, Kuckucks-Lichtnelke, Gewöhnliches Maiglöckchen, Gewöhnlicher Meerrettich, Klatschmohn, Saat-Mohn, Dreinervige Nabelmiere, Echte Nelkenwurz, Wiesen-Pippau, Gelbe Resede, Großer Sauerampfer, Kleiner Sauerampfer, Sumpfschlangenwurz, Acker-Schöterich, Niedrige Schwarzwurzel, Spargel, Grassternmiere, Ackerstiefmütterchen, Kleiner Storchschnabel, Schlitzblättriger Storchschnabel, Stinkender Storchschnabel, Wald-Storchschnabel, Wald-Wachtelweizen, Wiesen-Wachtelweizen, Waldmeister, Mittlerer Wegerich, Spitz-Wegerich, Zaun-

Wicke, Schlangen-Wiesenknöterich, Gewöhnlicher Wundklee

Juni

- Gesundheit der Brut überprüfen
- Blütenhonig wird geschleudert
- Evtl. Waldtracht beobachten
- Ergänzungsfutter geben, falls blühende Pflanzen kurzfristig rar sind
- Jungvölker gründen
- Königinnen verjüngen
- Wabenschrank auf Motten überprüfen/bekämpfen
- Bekämpfung der Varroamilbe
- Wabenbau disponieren

Jetzt können sich 40.000 Bienen in der Beute befinden. Das Pheromon, welches die Königin aussendet, verliert immer mehr an Wirkung. Besonders wenn die Königin bereits 3 Jahre alt ist. Der Schwarmtrieb kann dann besonders groß werden. Die Bienen bauen dann vermehrt Drohnenzellen. Dies ist auch die Zeit der Weiselerneuerung. Belegte Weiselzellen können 5 bis 20 Stück betragen. Diese Weiselzellen haben eine besondere Form und liegen am Rande der Brut. Die Waben haben ein eichelförmiges Aussehen.

Tracht: Kiefer, Fichte, Eiche, Sommerraps, Felsenmispel, Rosskastanie, Inkarnatklee, Erbse, Ölrettich, Himbeere, Ackerbohne, Faulbaum, Preiselbeere, Weißklee, Robinie, Lupine, Mohn, Linde, Senf, Serradella, Rotklee, Wicken, Brombeere, Luzerne, Glockenheide, Mais, Phacelia

Trachten der Wildkräuter: Krauser Ampfer, Persischer Ehrenpreis, Gänseblümchen, Silberblättrige Goldnessel, Mittlerer Lerchensporn, Scharbockskraut, Sumpfdotterblume, Gamander Ehrenpreis, Gewöhnlicher

Gundermann, Kleines Immergrün, Rote Lichtnelke, Bachnelkenwurz, Waldsauerklee, Wiesenschaumkraut, Schöllkraut, Vogelsternmiere, Wildes Stiefmütterchen, Gefleckte Taubnessel, Purpurrote Taubnessel, Weiße Taubnessel, Hainveilchen, Wiesenlöwenzahn, Arznei-Baldrian, Kleiner Baldrian, Wiesenbocksbart, Bach-Ehrenpreis, Quendelblättriger Ehrenpreis, Walderdbeere, Zimterdbeere, Wiesenflockenblume, Gewöhnliche Goldnessel, Gewöhnliche Grasnelke, Kriechender Günsel, Geöhrtes Habichtskraut, Mausohr-Habichtskraut, Wald-Habichtskraut, Brennender Hahnenfuß, Knolliger Hahnenfuß, Kriechender Hahnenfuß, Scharfer Hahnenfuß, Wolliger Hahnenfuß, Hopfenklee, Taumel-Kälberkropf, Gewöhnliches Katzenpfötchen, Wiesenkerbel, Kleiner Klee, Schweden-Klee, Weißklee, Sumpflabkraut, Wiesenlabkraut, Bärlauch, Kuckucks-Lichtnelke, Gewöhnliches Maiglöckchen, Gewöhnlicher Meerrettich, Klatschmohn, Saat-Mohn, Dreinervige Nabelmiere, Echte Nelkenwurz, Wiesen-Pippau, Gelbe Resede, Großer Sauerampfer, Kleiner Sauerampfer, Sumpfschlangenwurz, Acker-Schöterich, Niedrige Schwarzwurzel, Spargel, Grassternmiere, Ackerstiefmütterchen, Kleiner Storchschnabel, Schlitzblättriger Storchschnabel, Stinkender Storchschnabel, Wald-Storchschnabel, Wald-Wachtelweizen, Wiesen-Wachtelweizen, Waldmeister, Mittlerer Wegerich, Spitz-Wegerich, Zaun-Wicke, Schlangen-Wiesenknöterich, Gewöhnlicher Wundklee, Krauser Ampfer, Wiesen-Bärenklau, Große Bibernelle, Gewöhnlicher Blutweiderich, Kleine Braunelle, Echter Ehrenpreis, Blauer Eisenhut, Küsten-Arznei-Engelwurz, Einjähriger Feinstrahl, Gewöhnliches Ferkelkraut, Felsen-Fetthenne, Roter Fingerhut, Kohl-Gänsedistel, Rauhe Gänsedistel, Gewöhnlicher Giersch, Acker-Glockenblume, Pfirsichblättrige Glockenblume, Rundblättrige Glockenblume, Wiesen-Glockenblume, Dornige Hauhechel, Kriechende Hauhechel, Ackerhederich, Sumpfhelmkraut, Echtes Herzgespann, Gewöhnlicher Hohlzahn, Gewöhnlicher Hornklee, Sumpf-Hornklee, Färber-Hundskamille, Tüpfel-Johanniskraut, Feld-Klee, Hasen-Klee, Rot-Klee, Zickzack-Klee, Floh-Knöterich, Wasser-Knöterich, Mehlige Königskerze, Schwarze Königsklee, Kornblume, Gewöhnliche Kratzdistel, Kohl-Kratzdistel, Echtes

Labkraut, Klette-Labkraut, Schlangen-Lauch, Schnittlauch, Weinberg-Lauch, Gewöhnliches Leinkraut, Steifhaariger Löwenzahn, Echtes Mädesüß, Moschus-Malve, Rosen-Malve, Wilde Malve, Magerwiesen-Margerite, Scharfer Mauerpfeffer, Ackerminze, Wilde Möhre, Gewöhnliche Nachtkerze, Heide-Nelke, Kleiner Odermennig, Wiesen-Platterbse, Färber-Resede, Acker-Rittersporn, Berg-Sandglöckchen, Aufrechter Sauerklee, Wiesen-Schafgarbe, Gefleckter Schierling, Schwarznessel, Ackersenf, Sichelklee, Echter Steinklee, Hoher Steinklee, Weißer Steinklee, Feld-Steinquendel, Gewöhnlicher Breitblättrige Stendelwurz, Wasser-Sternmiere, Blut-Storchschnabel, Sumpf-Storchschnabel, Wiesen-Storchschnabel, Arznei-Thymian, Breit-Wegerich, Berg-Weidenröschen, Rauhaariges Weidenröschen, Schmalblättriges Weidenröschen, Kassuben-Wicke, Vogel-Wicke, Großer Wiesenknopf, Ackerwinde, Sumpf-Ziest, Wald-Ziest)

Juli

- Futtervorrat kontrollieren
- Weiselrichtigkeit kontrollieren
- Brutgesundheit kontrollieren
- Ist eine Waldtracht vorhanden?
- Brutnest erhält neue Rähmchen
- Evtl. Auswechselung der Königinnen
- Wachsmotten und Varroa bekämpfen
- Pflege von abgeschwärmten Völkern
- Für Winterfutter nicht den Waldhonig verwenden
- Waldhonig schleudern
- Jetzt werden die Voraussetzungen für ein erfolgreiches nächstes Bienenjahr

geschaffen

Im Juli oder August ist die Zeit der Beseitigung der Drohnen durch das Bienenvolk. Ist die Königin in der Lage befruchtete Eier abzulegen und ist stark genug den Winter zu überleben, beginnen die Arbeiterinnen damit, die Drohnen vom Futter mit aller Macht fernzuhalten und aus der Beute zu drängen.

Die Drohnen verhungern und liegen bald tot am Boden. Falls noch Brut von Drohnen in der Beute sind, wird auch diese aus dem Bienenstock hinausbefördert. Der Honigraum/Zarge wird von der Beute entfernt. Ernte des Honigs.

Tracht: Ölrettich, Himbeere, Ackerbohne, Faulbaum, Preiselbeere, Weißklee, Lupine, Mohn, Linde, Senf, Serradella, Rotklee, Wicken, Brombeere, Luzerne, Glockenheide, Mais, Phacelia, Buchweizen

Trachten der Wildkräuter: Persischer Ehrenpreis, Gänseblümchen, Silberblättrige Goldnessel, Mittlerer Lerchensporn, Scharbockskraut, Gamander Ehrenpreis, Rote Lichtnelke, Bachnelkenwurz, Waldsauerklee, Schöllkraut, Vogelsternmiere, Wildes Stiefmütterchen, Gefleckte Taubnessel, Purpurrote Taubnessel, Weiße Taubnessel, Arznei-Baldrian, Wiesenbocksbart, Bach-Ehrenpreis, Quendelblättriger Ehrenpreis, Wiesenflockenblume, Gewöhnliche Goldnessel, Gewöhnliche Grasnelke, Kriechender Günsel, Geöhrtes Habichtskraut, Mausohr-Habichtskraut, Wald-Habichtskraut, Brennender Hahnenfuß, Knolliger Hahnenfuß, Kriechender Hahnenfuß, Scharfer Hahnenfuß, Wolliger Hahnenfuß, Hopfenklee, Taumel-Kälberkropf, Wiesenkerbel, Kleiner Klee, Schweden-Klee, Weißklee, Sumpflabkraut, Wiesenlabkraut, Bärlauch, Kuckucks-Lichtnelke, Gewöhnlicher Meerrettich, Klatschmohn, Saat-Mohn, Dreinervige Nabelmiere, Echte Nelkenwurz, Wiesen-Pippau, Gelbe Resede, Großer Sauerampfer, Kleiner Sauerampfer, Sumpfschlangenwurz, Acker-Schöterich, Spargel, Grassternmiere, Ackerstiefmütterchen, Kleiner Storchschnabel, Schlitzblättriger Storchschnabel, Stinkender Storchschnabel, Wald-Storchschnabel, Wald-Wachtelweizen, Wiesen-Wachtelweizen,

Waldmeister, Mittlerer Wegerich, Spitz-Wegerich, Zaun-Wicke, Schlangen-Wiesenknöterich, Gewöhnlicher Wundklee, Krauser Ampfer, Wiesen-Bärenklau, Große Bibernelle, Gewöhnlicher Blutweiderich, Kleine Braunelle, Echter Ehrenpreis, Blauer Eisenhut, Küsten-Arznei-Engelwurz, Einjähriger Feinstrahl, Gewöhnliches Ferkelkraut, Felsen-Fetthenne, Roter Fingerhut, Kohl-Gänsedistel, Rauhe Gänsedistel, Gewöhnlicher Giersch, Acker-Glockenblume, Pfirsichblättrige Glockenblume, Rundblättrige Glockenblume, Wiesen-Glockenblume, Dornige Hauhechel, Kriechende Hauhechel, Ackerhederich, Sumpfhelmkraut, Echtes Herzgespann, Gewöhnlicher Hohlzahn, Gewöhnlicher Hornklee, Sumpf-Hornklee, Färber-Hundskamille, Tüpfel-Johanniskraut, Feld-Klee, Hasen-Klee, Rot-Klee, Zickzack-Klee, Große Klette, Hain-Klette, Floh-Knöterich, Wasser-Knöterich, Mehlige Königskerze, Schwarze Königsklee, Kornblume, Gewöhnliche Kratzdistel, Kohl-Kratzdistel, Echtes Labkraut, Klette-Labkraut, Schlangen-Lauch, Schnittlauch, Weinberg-Lauch, Gewöhnliches Leinkraut, Steifhaariger Löwenzahn, Echtes Mädesüß, Moschus-Malve, Rosen-Malve, Wilde Malve, Magerwiesen-Margerite, Scharfer Mauerpfeffer, Ackerminze, Wilde Möhre, Gewöhnliche Nachtkerze, Heide-Nelke, Kleiner Odermennig, Wiesen-Platterbse, Färber-Resede, Acker-Rittersporn, Berg-Sandglöckchen, Aufrechter Sauerklee, Wiesen-Schafgarbe, Gefleckter Schierling, Schwarznessel, Ackersenf, Sichelklee, Echter Steinklee, Hoher Steinklee, Weißer Steinklee, Feld-Steinquendel, Gewöhnlicher Breitblättrige Stendelwurz, Wasser-Sternmiere, Blut-Storchschnabel, Sumpf-Storchschnabel, Wiesen-Storchschnabel, Arznei-Thymian, Breit-Wegerich, Berg-Weidenröschen, Rauhaariges Weidenröschen, Schmalblättriges Weidenröschen, Kassuben-Wicke, Vogel-Wicke, Großer Wiesenknopf, Ackerwinde, Sumpf-Ziest, Wald-Ziest, Kleine Bibernelle, Gewöhnliches Bitterkraut, Krause Distel, Nickende Distel, Echter Eibisch, Wilde Engelwurz, Gewöhnliche Eselsdistel, Große Fetthenne, Skabiosen-Flockenblume, Salbei-Gamander, Nesselblättrige Glockenblume, Gewöhnliche Golddistel, Gewöhnliche Goldrute, Sumpf-Haarstrang, Doldiges Habichtskraut, Wildblumen-Königskerze, Acker-Kratzdistel, Stängellose-

Kratzdistel, Sumpfkratz-Distel, Wald-Labkraut, Berg-Lauch, Gemüse-Lauch, Nickender Löwenzahn, Gewöhnlicher Mauerlattich, Quirl-Minze, Ross-Minze, Wasser-Minze, Gewöhnlicher Dost-Oregano, Gewöhnlicher Pastinak, Rainfarn, Sumpf-Schafgarbe, Gewöhnliche Schneebeere, Tauben-Skabiose, Großes Springkraut, Gewöhnlicher Teufelsabbiss, Sand-Thymian, Wirbeldost, Wiesen-Witwenblume, Gewöhnlicher Ufer-Wolfstrapp, Wegwarte/Gewöhnliche Zichorie, Dreiteiliger Zweizahn

August

- Für Winterfutter nicht den Waldhonig verwenden!
- Waldhonig schleudern
- Königinnen die 3 Jahre alt sind, ersetzen
- Varroa Bekämpfung ist jetzt ideal/Ameisensäure, Bekämpfung zwei Mal durchführen
- Melezitosehonig evtl. beobachten. Über 10 % Melezitose führt zur schnellen Kristallisation! Vorzeitig schleudern!
- Futtervorrat, Weiselrichtigkeit, Brutgesundheit

Jetzt werden mehr und mehr Jungbienen erwachsen. Sie sind notwendig für die Überwinterung. Sie sind stark und jung und verzehren jetzt viel Pollen, um sich ein Polster für den Winter anzulegen (Fette, Eiweiße). Mit Kittharz kann man jetzt im Spätsommer/Herbst die entstandenen Ritzen und Spalten schließen, um die gute Isolation der Beute zu erhalten. Die Anzahl der Rähmchen wird verringert. Sie sollten sich jetzt in einer Beute auf 6 Stück begrenzen. Die Brut benötigt etwa 25 % des Platzes. 75 % der Beute sind dem Honig und den Pollen vorbehalten.

Tracht: Faulbaum, Preiselbeere, Weißklee, Serradella, Rotklee, Wicken,

Brombeere, Luzerne, Glockenheide, Mais, Phacelia, Buchweizen, Besenheide, Efeu

Trachten der Wildkräuter: Persischer Ehrenpreis, Gänseblümchen, Silberblättrige Goldnessel, Mittlerer Lerchensporn, Scharbockskraut, Gamander Ehrenpreis, Rote Lichtnelke, Waldsauerklee, Schöllkraut, Vogelsternmiere, Wildes Stiefmütterchen, Gefleckte Taubnessel, Purpurrote Taubnessel, Weiße Taubnessel, Arznei-Baldrian, Bach-Ehrenpreis, Quendelblättriger Ehrenpreis, Wiesenflockenblume, Gewöhnliche Grasnelke, Kriechender Günsel, Geöhrtes Habichtskraut, Mausohr-Habichtskraut, Brennender Hahnenfuß, Scharfer Hahnenfuß, Hopfenklee, Wiesenkerbel, Kleiner Klee, Schweden-Klee, Weißklee, Sumpflabkraut, Wiesenlabkraut, Bärlauch, Echte Nelkenwurz, Wiesen-Pippau, Gelbe Resede, Sumpfschlangenwurz, Acker-Schöterich, Spargel, Ackerstiefmütterchen, Kleiner Storchschnabel, Schlitzblättriger Storchschnabel, Stinkender Storchschnabel, Wald-Wachtelweizen, Wiesen-Wachtelweizen, Waldmeister, Mittlerer Wegerich, Spitz-Wegerich, Zaun-Wicke, Gewöhnlicher Wundklee, Krauser Ampfer, Wiesen-Bärenklau, Große Bibernelle, Gewöhnlicher Blutweiderich, Kleine Braunelle, Echter Ehrenpreis, Blauer Eisenhut, Küsten-Arznei-Engelwurz, Einjähriger Feinstrahl, Gewöhnliches Ferkelkraut, Felsen-Fetthenne, Roter Fingerhut, Kohl-Gänsedistel, Rauhe Gänsedistel, Acker-Glockenblume, Pfirsichblättrige Glockenblume, Rundblättrige Glockenblume, Ackerhederich, Sumpfhelmkraut, Echtes Herzgespann, Gewöhnlicher Hohlzahn, Gewöhnlicher Hornklee, Färber-Hundskamille, Tüpfel-Johanniskraut, Feld-Klee, Hasen-Klee, Rot-Klee, Zickzack-Klee, Große Klette, Hain-Klette, Floh-Knöterich, Wasser-Knöterich, Mehlige Königskerze, Schwarzer Königsklee, Kornblume, Gewöhnliche Kratzdistel, Kohl-Kratzdistel, Echtes Labkraut, Klette-Labkraut, Schnittlauch, Weinberg-Lauch, Gewöhnliches Leinkraut, Steifhaariger Löwenzahn, Echtes Mädesüß, Moschus-Malve, Rosen-Malve, Wilde Malve, Magerwiesen-Margerite, Ackerminze, Wilde Möhre, Gewöhnliche Nachtkerze, Heide-Nelke, Kleiner Odermennig, Wiesen-Platterbse, Färber-Resede, Acker-Rittersporn, Berg-Sandglöckchen, Aufrechter Sauerklee, Wiesen-Schafgarbe,

Gefleckter Schierling, Schwarznessel, Ackersenf, Sichelklee, Echter Steinklee, Hoher Steinklee, Weißer Steinklee, Feld-Steinquendel, Gewöhnlicher Breitblättrige Stendelwurz, Wasser-Sternmiere, Blut-Storchschnabel, Sumpf-Storchschnabel, Wiesen-Storchschnabel, Arznei-Thymian, Breit-Wegerich, Berg-Weidenröschen, Rauhaariges Weidenröschen, Schmalblättriges Weidenröschen, Kassuben-Wicke, Vogel-Wicke, Großer Wiesenknopf, Ackerwinde, Sumpf-Ziest, Wald-Ziest, Kleine Bibernelle, Gewöhnliches Bitterkraut, Krause Distel, Nickende Distel, Echter Eibisch, Wilde Engelwurz, Gewöhnliche Eselsdistel, Große Fetthenne, Skabiosen-Flockenblume, Salbei-Gamander, Nesselblättrige Glockenblume, Gewöhnliche Golddistel, Gewöhnliche Goldrute, Sumpf-Haarstrang, Doldiges Habichtskraut, Windblumen-Königskerze, Acker-Kratzdistel, Stengellose-Kratzdistel, Sumpf-kratz-Distel, Wald-Labkraut, Berg-Lauch, Gemüse-Lauch, Nickender Löwenzahn, Gewöhnlicher Mauerlattich, Quirl-Minze, Ross-Minze, Wasser-Minze, Gewöhnlicher Dost-Oregano, Gewöhnlicher Pastinak, Rainfarn, Sumpf-Schafgarbe, Gewöhnliche Schneebeere, Tauben-Skabiose, Großes Springkraut, Gewöhnlicher Teufelsabbiss, Sand-Thymian, Wirbeldost, Wiesen-Witwenblume, Gewöhnlicher Ufer-Wolfstrapp, Wegwarte/Gewöhnliche Zichorie, Dreiteiliger Zweizahn

September

- Ernte des Honigs und Zufütterung
- Fütterung nur bis Mitte September
- Fütterung am besten abends
- Flugloch kann bei Anzeichen von Raub enger gestellt werden
- Neuinvasion von Varroa jetzt möglich
- Befallene Völker mit Sauerbrut vernichten
- Aufräumarbeiten an der Beute

Jetzt ist die Zeit für den Imker den Honig zu ernten. Die Fütterung kann jetzt bald gestoppt werden.

Tracht: Preiselbeere, Weißklee, Brombeere, Luzerne, Glockenheide, Mais, Phacelia, Buchweizen, Besenheide, Efeu

Trachten der Wildkräuter: Persischer Ehrenpreis, Gänseblümchen, Silberblättrige Goldnessel, Mittlerer Lerchensporn, Scharbockskraut, Gamander Ehrenpreis, Rote Lichtnelke, Waldsauerklee, Schöllkraut, Vogelsternmiere, Wildes Stiefmütterchen, Gefleckte Taubnessel, Purpurrote Taubnessel, Weiße Taubnessel, Quendelblättriger Ehrenpreis, Wiesenflockenblume, Gewöhnliche Grasnelke, Kriechender Günsel, Mausohr-Habichtskraut, Brennender Hahnenfuß, Scharfer Hahnenfuß, Hopfenklee, Kleiner Klee, Schweden-Klee, Weißklee, Wiesenlabkraut, Bärlauch, Echte Nelkenwurz, Gelbe Resede, Sumpfschlangenwurz, Acker-Schöterich, Spargel, Ackerstiefmütterchen, Kleiner Storchschnabel, Stinkender Storchschnabel, Waldmeister, Mittlerer Wegerich, Spitz-Wegerich, Wiesen-Bärenklau, Große Bibernelle, Gewöhnlicher Blutweiderich, Kleine Braunelle, Einjähriger Feinstrahl, Gewöhnliches Ferkelkraut, Kohl-Gänsedistel, Rauhe Gänsedistel, Acker-Glockenblume, Pfirsichblättrige Glockenblume, Rundblättrige Glockenblume, Ackerhederich, Sumpfhelmkraut, Echtes Herzgespann, Gewöhnlicher Hohlzahn, Färber-Hundskamille, Feld-Klee, Hasen-Klee, Rot-Klee, Floh-Knöterich, Wasser-Knöterich, Schwarze Königsklee, Kornblume, Gewöhnliche Kratzdistel, Kohl-Kratzdistel, Echtes Labkraut, Klette-Labkraut, Gewöhnliches Leinkraut, Steifhaariger Löwenzahn, Moschus-Malve, Rosen-Malve, Wilde Malve, Magerwiesen-Margerite, Ackerminze, Wilde Möhre, Gewöhnliche Nachtkerze, Heide-Nelke, Kleiner Odermennig, Färber-Resede, Aufrechter Sauerklee, Wiesen-Schafgarbe, Gefleckter Schierling, Schwarznessel, Ackersenf, Sichelklee, Echter Steinklee, Hoher Steinklee, Weißer Steinklee, Feld-Steinquendel, Wasser-Sternmiere, Sumpf-Storchschnabel, Arznei-Thymian, Breit-Wegerich, Berg-Weidenröschen, Rauhaariges Weidenröschen, Kassuben-Wicke, Großer Wiesenknopf, Ackerwinde, Sumpf-Ziest,

Wald-Ziest, Kleine Bibernelle, Gewöhnliches Bitterkraut, Krause Distel, Nickende Distel, Echter Eibisch, Große Fetthenne, Salbei-Gamander, Gewöhnliche Golddistel, Gewöhnliche Goldrute, Sumpf-Haarstrang, Doldiges Habichtskraut, Acker-Kratzdistel, Stengellose-Kratzdistel, Sumpfkratz-Distel, Quirl-Minze, Ross-Minze, Wasser-Minze, Gewöhnlicher Dost-Oregano, Gewöhnlicher Pastinak, Rainfarn, Sumpf-Schafgarbe, Tauben-Skabiose, Gewöhnlicher Teufelsabbiss, Wirbeldost, Gewöhnlicher Ufer-Wolfstrapp, Wegwarte/Gewöhnliche Zichorie, Dreiteiliger Zweizahn

Oktober

- Rückschau auf das Bienenjahr
- Kontrolle auf Varroa Befall
- Warmdecken der Völker möglich
- Reinigungsarbeiten

Die Brutzeit endet im Oktober und die alten Arbeits- und Sammelbienen werden sterben und aus der Beute entfernt. Sie haben für den Bienenstaat keine Aufgabe mehr, weder für die Überwinterung noch für das kommende Jahr. Isolierende Rähmchen sind unbedingt in die Beute einzusetzen.

Tracht: Weißklee

Trachten der Wildkräuter: Gewöhnliches Bitterkraut, Gamander Ehrenpreis, Persischer Ehrenpreis, Wiesen-Flockenblume, Gänseblümchen, Kohl-Gänsedistel, Rauhe-Gänsedistel, Rundblättrige Glockenblume, Gewöhnliche Goldrute, Kanadische Goldrute, Gewöhnliche Grasnelke, Doldiges Habichtskraut, Mausohr-Habichtskraut, Acker-Hederich, Gewöhnlicher Hohlzahn, Hofpenklee, Floh-Knöterich, Kletten-Labkraut, Gewöhnliches Leinkraut, Steifhaariger Löwenzahn, Rosen-Malve, Wilde Malve, Magerwiesen-

Margerite, Acker-Minze, Wasser-Minze, Echte Nelkenwurz, Aufrechter Sauerklee, Wiesen-Schafgabe, Schöllkraut, Ackersenf, Tauben-Skabiose, Vogel-Sternmiere, Wasser-Sternmiere, Acker-Stiefmütterchen, Kleiner Storchschnabel, Stinkender Storchschnabel, Purpurrote Taubnessel, Weiße Taubnessel, Arznei-Thymian, Breit-Wegerich, Wegwarte/Gewöhnliche Zichorie, Dreiteiliger Zweizahn

---

November

- Winterbehandlung gegen Varroa
- Behandlung bei Brutfreiheit! Mittel: Oxalsäure
- Sanierungsarbeiten
- Belüftung der Beuten sicherstellen
- Alte Waben einschmelzen
- Vermarktung des Honigs

Mehr und mehr werden sich die Bienen jetzt zur „Wintertraube" in der Beute zusammenschließen. Dies garantiert eine gegenseitige Aufwärmung und wirksamen Schutz vor Frost. Die Bienen bewegen sich jetzt zwar sehr langsam, dennoch sind sie in ständiger Aktivität. Sie bedienen sich am Futtervorrat und erzeugen mithilfe ihrer Muskelbewegung Energie/Wärme.

Tracht: Keine Tracht

Trachten der Wildkräuter: Keine Trachten

Dezember

- Temperaturen im Auge behalten

- Flugloch muss immer frei sein!
- Kontrollgänge 4 Mal im Monat

Die Wintertraube in der Beute hat eine bestimmte Temperatur. Am äußeren Rand misst man immer ca. 13 Grad Celsius. Wenn die außen hängenden Bienen abkühlen, drängen sie sofort in das Innere der Traube. Andere übernehmen dann ihre Aufgabe, und Erstere wärmen sich in der Traube wieder auf. So kann die konstante Temperatur auch gut erklärt werden.

Tracht: Keine Tracht

Trachten der Wildkräuter: Keine Trachten

ZUR WACHSMOTTENBEKÄMPFUNG

Die Wachsmotte ist ein kleiner grauer Schmetterling. Die Larven dieses Insekts ernähren sich von allerlei Abfällen, die sich in den gebrauchten Beuten/Zargen befinden. Wachsmotten können sämtliche Waben einer Beute vernichten. Daher bekämpft sie der Imker mit Schwefeldioxid. Dafür nimmt man eine leere Zarge und verbrennt einen Schwefelfaden. Über die Zarge stapelt man dann sofort weitere Beute-Zargen mit Waben bis der „Turm" etwa aus 6-10 Elementen besteht. Oben wird dann die letzte Zarge mit einem Dach (Blech) geschlossen. Das Schwefeldioxid verteil sich nun in sämtlichen Segmenten und vor allem auch in den Waben. Die Larven der Wachsmotten sterben somit ab.

Der Honig und das wesensgemäße Imkern

Um sich nicht zu viel Wissen auf einmal zuzumuten, sollte man sich zwischendurch auch mal mit dem Honig im Speziellen beschäftigen. Es lohnt sich. Denn um Imker zu werden, muss man schon wissen, was für ein besonderes Nahrungsmittel der Honig ist. Es ist ja auch eine Inspiration und ein Antrieb für den Neuanfänger, wenn ihm bewusst wird, welch einzigartiges Produkt er für die Ernährung der Menschen mithilfe seiner Bienen bereitstellt.

Laut Mythologie der Griechen verdanken die Götter diesem Stoff ihre Unsterblichkeit. Auch Odin, der Gott der nordischen Völker, genoss den Honig reichhaltig und verdankt ihm angeblich seine Kraft und seine Weisheit. Honig hilft bei Erkältungen, bei der Wundheilung und er wirkt gegen Entzündungen. Ein Arzt der Antike, Hippokrates, schrieb dem Honig eine fiebersenkende Wirkung zu.

Versuche bei bakteriellen Entzündungen, bei denen die Bakterien sich resistent gegenüber Antibiotika zeigten, konnten mit Wundauflagen aus Honig erfolgreich abgetötet werden. Selbst Kliniken nutzen solche Wundverbände bei leichteren Druckstellen, also Patienten, die sich durch längeres Liegen wund gelegen haben. Dafür ist es aber erforderlich, dass der Honig nicht erhitzt wird. Dadurch könnten wichtige Enzyme vernichtet werden. Da Honig natürlich viel Frucht- und Traubenzucker enthält, entzieht er den Bakterien noch das für ihr Überleben lebenswichtige Wasser. Selbst das Herz erfährt durch den Verzehr von Honig einen guten Schutz.

Den größten Anteil am Honig haben Fruchtzucker, Traubenzucker und Wasser. Will man Honig verkaufen, darf man ihm nichts zusetzen. Anders als bei anderen Produkten auf unserem deutschen Markt, ist der Name Honig geschützt. Wo Honig drauf steht, ist immer 100 % Honig drin. Mit Maschinen schleudert man den Honig aus den Waben. Ist der Honig abgefüllt, klärt er sich nach ein paar Tagen von allein. Alle Partikel (Wachs) setzen sich nach und nach am Boden ab. Dickflüssiger wird der Honig erst dann, wenn man ihn rührt. Auch ist die Farbe dieses Honigs meist heller und er lässt sich cremig streichen. Für ein 500 g Glas Honig müssen die Bienen etwa 5.000.000 Blüten besuchen. Bei diesen Zahlen wird einem deutlich, was für eine strapaziöse Arbeit die Bienen verrichten müssen. Nicht umsonst spricht man ja von den „fleißigen Bienchen".

Die gängigsten Honigsorten sind:

Rapshonig (mild und charakteristisch), Löwenzahnhonig (sehr aromatisch und typische Geschmacksnoten), Obstblütenhonig (angenehm milder Geschmack), Tannenhonig (würzig, aber mild), Waldhonig (würzig, aber angenehm), Akazienhonig (milde Sorte), Edelkastanienhonig (aparter Geschmack, herb und ein wenig bitter), Lindenhonig (sehr charakteristisch und sehr aromatisch) und Sommerblütenhonig (aromatisch).

Des Weiteren, je nach Region und Tradition gibt es noch: Buchweizenhonig, Sommerblütenhonig, Bergblütenhonig, Wildblütenhonig und Manuka-Honig. Als Allgemeinbegriff kennt man noch den Blüten- oder Nektarhonig. Darunter fallen natürlich alle Sorten, die aus Nektar und Pollen gewonnen werden. Bei der Linde unterscheidet man Lindenhonig und Lindenblütenhonig. Ersterer enthält auch, neben dem Nektar und den Pollen aus den Blüten der Linde, deren Honigtau. Der Lindenblütenhonig wurde dagegen nur aus den Blüten der Linde gewonnen. Beim Edelkastanienhonig ist immer Honigtau des Baumes enthalten. Bei Akazienhonig muss man schon etwas genauer hinschauen, denn auch der gewonnene Nektar aus den Robinien darf später vom Imker als Akazienhonig bezeichnet werden. Daher sollte man, wenn man unbedingt das Original kaufen will, auf die Herkunft des Honigs achten. Bei „Afrika", „Australien" und „südeuropäischen Ländern" kann man mit Sicherheit davon ausgehen, dass der Honig nur aus den Blüten der Akazien gewonnen wurde. Der Manuka-Honig stellt eine Besonderheit dar und ist ausgesprochen teuer. Mit den normalen Honigpreisen hat das schon nichts mehr zu tun. Daher wird er auch mehr als medizinisches Heilprodukt angesehen. Die Bienen sammeln für diesen Honig (nur) in Neuseeland den Nektar der Südseemyrte (Manuka).

Da diese Pflanze besondere Inhaltsstoffe aufweist, findet man diese wohl auch in dem Honig wieder. Er soll besonders gut gegen Viren, Bakterien und bei Pilzbefall helfen. Was übrigens Honigtau ist, sei hier kurz erklärt: Beispielsweise der Waldhonig entsteht nicht aus dem Nektar der Blüten, sondern aus dem sogenannten Honigtau. Der Honigtau ist je nachdem ein süßes Sekret von Blattflöhen, Zikaden oder Blattläusen, dass diese ausscheiden. Diese Substanz wird dann von den Bienen aufgenommen und zu Honig umgewandelt.

DIE ERNTE DES HONIGS

Praktisch kann man nach jeder Tracht eine Honig-Ernte einfahren. Man hat zwei Alternativen: Entweder man erntet Stück für Stück und füttert auch peinlich genau zu oder man fährt eine einzige große Ernte ein. Diese wird dann aber nicht so groß sein, wie die Summe der kleinen Ernten. Dafür hat man den Vorteil, dass man sich nicht ständig um das Futterangebot in den Beuten kümmern muss.

Falls man sich für nur eine einzige Ernte entscheidet, wählt jeder Imker die Mitte des Monats Juli. Der Imker wartet Hochdruckwetter mit Sonne ab, da die Bienen dann weniger aggressiv sind. Zudem sollte die Blütezeit der angeflogenen Pflanzen noch nicht zu Ende sein, damit die Sammler-Bienen sich nicht im Bienenstock befinden. Sie können nämlich auf die Entnahme des Honigs aggressiv reagieren. Zudem: Wäre die Blütezeit bereits zu Ende, würden die Bienen damit beginnen, den Honig selbst als Nahrung zu verbrauchen. Der Imker verwendet am Vortag der Ernte eine sogenannte

Bienenflucht. Mit dem Smoker werden die Bienen beruhigt und die Bienenflucht eingesetzt. Dieses Segment sitzt dann zwischen dem Brutraum und dem Honigraum.

Die Bienen werden dann mehr und mehr in den Brutraum wechseln und die Bienenflucht versperrt den Weg zum Honigraum. Letztlich wird der Honigraum dann fast bienenfrei sein. Bei der Entnahme der Honigrähmchen räuchert man mit dem Smoker sowohl das Flugloch als auch den Honigraum ein. Der Honigraum darf nur sehr vorsichtig mit dem Smoker behandelt werden, um den Honig nicht geschmacklich zu beeinflussen. Dann streift man die letzten Bienen von den Rähmchen ab.

Alle Honigrähmchen einer Beute werden in einer leeren Zarge verstaut und mit einem schweren Tuch abgedeckt. Die Zargen sollten aus hygienischen Gründen nicht auf dem Boden abgestellt werden. Man benutzt immer einen kleinen Wagen oder eine Schubkarre. Als Neuling sollte man zum Schleudern des Honigs einen bekannten Imker fragen oder im Auftrag in einer Groß-Imkerei schleudern lassen, denn das Gerät zur Gewinnung des Honigs ist recht teuer.

Außerdem muss die Räumlichkeit, in der man den Honig schleudern möchte, gewisse hygienische Bedingungen erfüllen. Zur Öffnung der Waben stellt man nun jedes Rähmchen einzeln (nacheinander) auf einen „Entdeckelungs-Behälter“. Jetzt kann man mit einem Messer über die Zellen hinweggehen und entfernt dadurch sämtliche Deckel der Waben. Diese fallen dann zusammen mit ein wenig Honig in den Entdeckelungs-Behälter. Jetzt können die Rähmchen (jeweils) sofort in die Honig-Schleuder eingesetzt werden. Man schleudert anfangs langsam und vorsichtig, um dann immer etwas schneller zu werden. Der Honig wird im Abfüllbehälter aufgefangen, muss zuvor jedoch noch durch ein Metallsieb fließen. (Herausfiltern von Bienen, Wabenresten usw.) Die „Abfälle“ der Aktion, Waben und Deckel, können gesammelt und später eingeschmolzen werden. Nach einer gewissen Zeit klärt sich der Honig im Abfüllbehälter. Er wird noch mal durch ein

Passiertuch in einen nächsten Behälter umgefüllt. Die Klärung des Honigs dauert nun ein paar Tage oder gar bis zu einer Woche (je nach Tracht). Den Schaum, der sich an der Oberfläche des Honigs bildet, kann man mithilfe von Butterbrotpapier entfernen. Dieses wird ein bis drei Mal auf die Oberfläche gelegt und mit dem Schaum abgezogen.

Nun ist es soweit: Der Honig kann in die Gläser abgefüllt werden. Alle Honigsorten sind nicht von einer einzigen Blütensorte. Sie werden so genannt, weil der Großteil des Honigs aus einer bestimmten Tracht entstanden ist. Dies bestätigt uns ein Labor, dass die Pollenanteile im Honig untersucht. Ist der Pollenanteil z. B. der Linde 75 %, dann weiß der Imker, dass auch der Nektaranteil etwa 75 % von der Linde stammt.

HONIGSORTEN

Bienen sind blütenstetig, das heißt, sie fliegen so lange eine bestimmte Tracht an, bis die Quelle sozusagen versiegt, also alle Blüten verwelkt sind. Kauft man einen Blütenhonig von einem kleinen Imker, so kann man davon ausgehen, dass er einen fast sortenreinen z. B. Rapshonig hergestellt hat. Denn kleine Imker lassen nicht durch ein Labor die Sorte bestimmen, da dies zu kostspielig wäre. Hier ein paar verschiedene Honigsorten:

Alpenrosenhonig (Alpenregion, Südtirol), Heidehonig (Besenheide oder Erika-Pflanze), Lindenblütenhonig (typisch Norddeutschland), Manuka-Honig (Neuseeland, Südseemyrte), Waldhonig (aus Honigtau, Fichten und Tannen), Echter Akazienhonig (Ungarn, Tropische- und Subtropische Regionen), Deutscher Akazienhonig (Robinien oder Falsche Akazie genannt), Edelkastanienhonig (meist Schwarzwald oder Oberrhein), Kleeblütenhonig (Blüten des Klees), Löwenzahnhonig (Blüten des Löwenzahns), Rapshonig (Ganz Deutschland), Weißtannenhonig (selten, von den Blüten der Weißtanne), Eukalyptushonig (oft von der Insel Sardinien), Lavendelhonig (Meist aus Südfrankreich), Pinienhonig (von den Blüten der Pinie),

Sonnenblumenhonig (von den Blüten der Sonnenblume).

Eher seltene Honigsorten sind: Borretsch-Honig, Buchweizen-Honig, Erdbeerbaum-Honig, Heidelbeer-Honig, Kornblumen-Honig, Majoran-Honig, Kürbisblüten-Honig, Orangenblüten-Honig, Rosmarin-Honig, Phacelia-Honig, Tamarisken-Honig, Urwald-Honig und Mimosen-Honig.

Weitere internationale Honigsorten sind: Leatherwood-Honig (Tasmanien), Quillaja-Honig (Chile), Maya-Honig (Mexico), Koriander-Honig (Balkan)

STUDIE ÜBER NEU-IMKER IN LANCASHIRE, GROßBRITANNIEN

Nur kurz erwähnt, sei hier eine Studie über Laien, die von Wissenschaftlern und Imkern begleitet wurden. Sie alle strebten das Imkern als schöne Nebentätigkeit an. Ohne über diese spezielle Studie in die Tiefe zu gehen, ist es recht interessant, was unbedarfte Menschen beim Erlernen des Imkerns erleben und berichten.

In Lancashire in Großbritannien haben sich Hobby-Imker mit Wissenschaftlern zusammengetan und über ihre Erfahrungen berichtet. Es ist eine sozialwissenschaftliche Untersuchung. Dabei geht es um das Lernen, Studieren und den einzelnen Menschen mit ihren Erfahrungen und Wünschen. Es geht um Lernprozesse, die direkt begleitet werden. Empirische Untersuchungen, die zeigen, was Anfänger, die die Arbeit des Imkers erlernen möchten, erleben. Was brauchen sie, um ein Imker zu werden? Wie setzen sie das ihnen vorgegebene Wissen in die Praxis um? In diesem Projekt ging es auch um die Wahrnehmungsfähigkeit des Lernenden. Nach dem bekannten Imker Ingold braucht man eine Aufmerksamkeitserziehung. Der neue Imker versteht dann irgendwann die Artikulation des Bienenstaates. Die Rähmchen werden dann „gelesen“, wie auch der ganze Bienenstock.

Henry Buller schrieb dazu:“ Der Imker kann dann sozusagen mit den Bienen sprechen“. In der Pädagogik des Lernens spricht man hier vom „qualifizierten Sehen“. Schafft der neue Imker diesen Schritt des Erkennens, so ist dies ein Transformationsprozess vom Lernenden zum Praktiker. Eine Teilnehmerin erzählte: „Ich habe viel in der Bienenschule gelernt, aber ich habe tatsächlich am meisten dann gelernt, wenn ich mit meinen eigenen Bienen gearbeitet habe“! Ein weiterer Teilnehmer sagte: „Ich habe viele Bücher gelesen. Ich dachte, ich wüsste nun sehr viel, und es könnten keine Überraschungen eintreten, bis ich das Einfangen eines Schwarmes durchführen musste. Das stellte mich vor eine Herausforderung, auf die ich so nicht vorbereitet war, und die ich nun einfach nur in der Praxis erlernen konnte.“

Erfahrene Imker sind bei ihrer Arbeit oft sehr entspannt. Sie horchen zum Beispiel auf den Klang in der Beute, auf die Bewegungen der Bienen im Flug und können schon so einen wichtigen Eindruck ihres Bienenvolkes erhalten. In dieser Untersuchung wird ein Mentoring angeraten. Ein gestandener Imker nimmt den Anfänger an die Hand und kann ihm schnell und auf den Punkt mit seinen Erfahrungen helfen, wodurch Probleme, die in der isolierten Anfängertätigkeit (man lernt für sich ganz allein) natürlich entstehen, nicht zu Angst und Ratlosigkeit führen. Vielleicht sollte man, auch wenn man den Start in das Imkern allein durchführen möchte, trotzdem ab und an einen Imker besuchen und ihm über die Schulter schauen. Ich denke, jeder Imker ist gerne bereit, seine Erfahrungen an interessierte Menschen weiterzugeben. Der Imker Wadeys sagte zu dieser Passion mit der Arbeit am Bienenstock: „Es ist sicherlich eine schwierige Kunst, doch sie hat so vieles zu bieten: Herausforderungen, große Freude und das Wecken unseres Interesses.“ Der Imker ist mindestens so nahe an der Natur wie der Landwirt. Und in vielen Fällen steht bei ihm nicht unbedingt das ökonomische Interesse im Vordergrund. Ohne die Bienen und die Natur richtig zu verstehen, kann er seine Arbeit nicht wirklich erfolgreich durchführen.

DIE WESENSGEMÄẞE BIENENHALTUNG

Interessant ist das Thema der wesensgemäßen Bienenhaltung. Wer sich für das Imkern entschieden hat, sollte auch in diesem Bereich ein wenig forschen. Die Imker, die sich der Natur stark verbunden fühlen, erklären, dass das Bienenvolk und seine Waben einen Organismus darstellen.

Das, was schon Goethe am Verhalten der Bienen verwunderte, war damals ein regelrechtes Mysterium und ist es heute sicherlich auch. (Goethe sprach über dieses Thema mit Eckermann und war sehr verwundert, dass die Bienen alle zusammen zielgerichtet zu einem bestimmten Feld flogen und dort den Nektar einsammelten, obwohl ihnen niemand „gesagt" hatte, dass da und dort die Tracht steht, die sie verwenden wollten.)

Nur weil wir inzwischen vieles über diese Insekten wissen, wie sie sich untereinander verständigen, um z. B. bestimmte Blüten zu finden, heißt es nicht, dass wir sehr viel weitergekommen sind, als die Naturforscher vor Hunderten von Jahren. Dieses Gespür für die Natur und die dahinterstehenden Geheimnisse, kann man durch Wissen allein nie erlangen. Auch die Natur gibt ihr wahres Gesicht nur dem preis, der sich dafür innerlich bereit gemacht hat. Wir sind heute zu „kopfgesteuert" und wollen nicht akzeptieren, dass auch bei diesen naturwissenschaftlichen Themen das Fühlen eine zentrale Rolle spielt. Im Privaten akzeptieren wir seltsamerweise diese Ansicht sofort. Wer läuft schon durch den Wald und erklärt, wie sich dieses und jenes verhält, ohne die Schönheit dieser Natur mit einzubeziehen.

Im Gegenteil gehen einem Leute doch gehörig auf die Nerven, die dann vieles wissen und erklären wollen; aber das Wichtigste können sie dann nicht: Das Erleben des Schönen in unserer Welt. Bei der wesensgemäßen Bienenhaltung ist man sich bewusst, dass ökonomische Nachteile nicht zu einer Umorientierung der eigenen Handlungsweisen führen dürfen. Für den Wabenbau benötigen die Bienen viel Honig.

Die ökologischen Imker haben dabei viel Erfolg, wenn es um Probleme wie Faulbrut und Sauerbrut geht. Das Wachsschwitzen und der Wabenbau sind wichtigste Aufgaben der Bienen und haben einen hohen hygienischen Effekt in der Beute. Auch der Schwarmtrieb wird heute oft als negatives Element eines Bienenvolkes angesehen. Dabei ist dies ein Ausdruck von Vitalität. Natürlich kommt es dann erst einmal zur Brutunterbrechung, doch auch hier stehen dann viel zu oft wieder ökonomische Interessen im Vordergrund.

Für die Bienenvölker aber ist dieser Instinkt sehr hilfreich. Die Vermehrung (insgesamt) wird natürlich gesteigert, aber auch für das einzelne Volk ist die Brutunterbrechung sehr positiv zu sehen. Man beobachtet eine Verminderung der bakteriellen Erkrankungen. Selbst die Belastung durch die Varroamilbe vermindert sich. Auch das Thema der Zucht von Königinnen kann man völlig neu bewerten. Die Forschung geht nämlich davon aus, dass die Königin selbst nicht in der Lage ist, die richtigen Drohnen mit den entsprechenden Genen auszusuchen. Doch was sich Tausende von Jahren bewährt hat, die natürliche Selektion, wird der Mensch nicht ganz so leicht verbessern können. Gerade das vermehrte Schwärmen und die größere genetische Vielfalt bei den Drohnen könnten Effekte hervorrufen, die weitaus erfolgreicher sind als das künstliche Züchten. Das heißt natürlich nicht, dass der Mensch nicht eingreifen kann und soll; aber der Imker sollte sich nie zu sicher sein, dass seine Handlungsweise immer nur positive Effekte hervorruft. Bzw. dass das, was er tut, besser ist als das, was die Natur hervorbringt. Sich mit diesen Themen auseinanderzusetzen ist viel wichtiger als viele Denken.

Unsere ganze Natur ist wesentlich von den Bienen abhängig. Es wird gesagt, dass die Bienen zu unglaublichen 80 % der Bestäubung unserer Apfelbäume beitragen. Weitere Früchte, die bestäubt werden, sind vor allem: Erdbeeren, Kirschen, Birnen und Pfirsiche. Selbst die qualitative Bestäubung spielt hier eine Rolle. Werden Blüten nicht ausreichend bestäubt, bleibt die entstehende Frucht unter- oder fehlentwickelt. Die Erfahrung zeigt, dass die Bienen die beste Bestäubung garantieren. Andere, speziell auch kleinere Insekten, schaffen es oft nicht, eine vollständige Bestäubung durchzuführen.

Ein Bienenvolk befliegt ungefähr eine Region von 30 Kilometern rund um seine Beute. Da die ökologische Landwirtschaft noch nicht so stark ausgebreitet ist, kommt es natürlich ständig vor, dass Bienen mit Insektiziden und Pestiziden in Berührung kommen. Die Erfahrung zeigt, dass die mittleren Rähmchen oft mit solchen chemischen Substanzen belastet sind. Waben, die zuerst vorgefertigt wurden, haben nicht die richtige Größe, um auch die Drohnen beherbergen zu können. Im natürlichen Wabenbau schaffen die Bienen auch Waben, die für die Drohnen zugeschnitten sind. Sie brauchen mehr Platz als die weibliche Biene.

So wird die natürliche Aufzucht von Drohnen meist stark vermindert. Und da geht es auch wieder um die genetische Vielfalt. Das Schwarmverhalten wird in der konventionellen Imkerei unterdrückt. Das schwärmende Bienenvolk, das ausfliegt, als auch das, was in der Beute bleibt, bringen schon mal keine Honigernte. Auch aus diesem Grund werden der Königin oft sogar die Flügel gestutzt. Werden weitere Königinnen in der Beute aufgezogen, so brechen viele Imker diese speziellen Waben heraus, da auch hier wieder ein Ausschwärmen von zahlreichen Bienen „droht". Wesentlicher Unterschied zum naturnahen Imkern ist auch die mengenmäßige Entnahme des Honigs. Denn die Bienen bekommen in der konventionellen Imkerei sehr wenig ihres eigenen Honigs. Zuckerwasser bzw. Sirup und Futterbrei ist ihr Grundnahrungsmittel, das zugefüttert wird.

So kann man die maximale Menge an Honig aus der Beute „ernten". Man weiß auch aus der Ernährungswissenschaft für uns Menschen, dass Zucker fast gar keine Inhaltsstoffe enthält. Honig dagegen besitzt 230-250 natürliche Inhaltsstoffe und viele verschiedene Zuckerarten (etwa 30!). Der Bio-Imker lässt den Bienen einen größeren Teil ihres eigenen Honigs und füttert ansonsten ein Gemisch aus Biozucker, Kamillentee, Salz und immerhin wiederum ein Zehntel des Honigs.

ZAHLEN UND FAKTEN ZU ÖKOLOGISCH WIRTSCHAFTENDEN IMKERN IN DEUTSCHLAND

Es existieren ca. 320 Ökoimkereien in Deutschland. Das Minimum an Bienenvölkern liegt bei 3 bis 5 Völkern; das Maximum bei ungefähr 800 Bienenvölkern. Große Imkereien im Bio-Bereich haben einen Marktanteil gegenüber den konventionell arbeitenden Imkereien von nur 5 Prozent. Andere gewerbsmäßig arbeitende Imker (also Normalgröße) im Bio-Bereich haben gegenüber ihren Kollegen in „normal“ arbeitenden Betrieben nur einen Marktanteil von 3,3 Prozent.

Etwa ein Viertel der arbeitenden Imker im Bio-Bereich haben eine Ausbildung als Imker durchlaufen. 30 % der Bio-Imker praktizieren ihr Gewerbe in Verbindung mit einem landwirtschaftlichen Hof. Der Ertrag an Honig liegt recht gleichbleibend bei 33 Kilogramm pro Volk/Beute. Kleine Imkereien verkaufen 80 von 100 Gläsern direkt an den Kunden (Direktvermarktung). Größere Imkereien verkaufen 50 von 100 Gläsern direkt an den Kunden. Sehr große Imkereien hingegen verkaufen nur noch etwa 25 von 100 Gläsern direkt an den Endverbraucher.

WEITERE ALTERNATIVEN FÜR DEN IMKER

Um die Beute zu schützen, nutzen die Imker oft Plastikfolie im Dach. Dies hat den Nachteil, dass sich trotz Lüftung unter der Folie Feuchtigkeit sammelt. Das kann zu einem unnatürlichen feuchteren Klima im Bienenstock führen. Dabei kommt es manchmal zur Schimmelbildung und die Bienen verschimmeln tragischerweise bei lebendigem Leib. Deshalb empfehlen einige Imker aus dem ökologischen Bereich ein Strohdach/bzw. Strohabdeckung, die sogenannte Klimamatte. Darüber kommt natürlich noch eine Teerpappe, die den Regen abwehrt. Nach den Erfahrungen der ökologischen Imker findet unter der „Strohmatte“ keine Popularisierung durch die Bienen statt, weil das Stroh für diesen Zweck durch die Bienen als zu feucht empfunden wird.

Auch Schädlinge kann man auf alternative Weise aus dem Bienenstock entfernen. Die berüchtigte Varroamilbe (aus Asien eingeschleppt) kann mit Puderzucker bekämpft werden. Sie ist zur Zeit der Schädling, der den Imkern am meisten Kopfzerbrechen bereitet. Die Magazine werden mit Puderzucker bestreut. Die ökologischen Imker nutzen dieses Verfahren, da die Varroamilben diese Bestäubung nicht vertragen. Unter die Rähmchen wird ein Brett mit Butter eingefettet.

Die Milben fallen auf das Brett und sind zwar nicht tot, können aber jetzt leicht entfernt werden. Man wartet etwa eine Stunde, bis der Schädling im besten Fall ganz abgefallen ist. In den verdeckelten Zellen des Bienenstocks werden sich allerdings immer noch Milben aufhalten. Ein zusätzlicher Effekt des Bestreuens mit Puderzucker tritt bei den Bienen selbst auf. Sie putzen sich sofort, auch gegenseitig, den Zucker vom Körper und entfernen dabei auch die Varroamilbe. Falls der Befall zu stark ist, muss man noch weitere Maßnahmen ergreifen. Für die längerfristige Bekämpfung nutzen die ökologischen Imker den Bücherskorpion.

Noch bis in die 70-er Jahre war er bei den meisten Imkern durchgängig im Einsatz. Er lebt im Bienenstock und vertilgt die Milben direkt vom Körper der Bienen. Daher meinen die konventionellen Imker, dass der Bücherskorpion nicht wirksam genug ist, da er an die Milben, die sich in den Zellen befinden, nicht herankommt.

Doch hier scheinen sich die Meinungen immer mehr positiv hin, zu dieser Art der natürlichen Bekämpfung des Eindringlings, zu entwickeln. Ob dieser Käfer einen sehr starken Befall mit den Milben abwehren kann, darf natürlich bezweifelt werden. Alle Triebe der Biene müssen ausgelebt werden. Auch darauf hat der Imker zu achten.

Der Bruttrieb, der Sammeltrieb, der Bautrieb und der Pflegetrieb, ohne den die Biene nicht leben kann. Sie braucht ihre Aufgaben, die sie mithilfe ihrer Instinkte durchführt. Im Frühjahr beginnt die Aktivität des Bienenvolks bei etwa 10 Grad Celsius Außentemperatur. Manche Imker stellen die Waben für ihre Rähmchen sogar selbst her. Dazu braucht man eine Wachsschmelze. Darin werden die Rähmchen eingesteckt und das alte Wachs herausgelöst.

Das Wachs wird dann in Eimern abgefüllt und kühlt ab. Die übrig bleibenden Wachsklötze können dann gelagert werden und je nach Bedarf für die Herstellung neuer Rähmchenwaben genutzt werden. Manche Imker im ökologischen Bereich verzichten sogar auf ihre Schutzkleidung, wenn sie am Bienenstock arbeiten. Sie wollen den unmittelbaren Kontakt mit dem Bienenvolk.

Den Respekt der Bienen hat der Imker, wenn er nicht ein einziges Mal gestochen wird. In den meisten Fällen geht die Arbeit dieser Imker, auch ohne einen Stich zu bekommen, vonstatten.

DAS SCHWÄRMEN DER BIENEN

Dem Schwärmen der Bienen gilt das besondere Interesse der Imker. Konventionelle Imker warnen vor dem Schwärmen ihrer Bienen. Für sie ist es gleich einer kleinen Katastrophe, denn das ausschwärmende Volk nimmt einen Teil des Honigs mit. Vorab sei gleich gesagt, dass sich hier schon die Geister scheiden.

Denn zum einen ist das Schwärmen Ausdruck von großer Vitalität der Bienen, zum anderen muss man natürlich einen Verlust an Honig hinnehmen. Das verbleibende Volk wird erst mal keinen nennenswerten Honig hervorbringen, da es jetzt nur noch an der neuen Brut arbeiten wird. Das Schwärmen findet meist am Nachmittag statt. Die Zeitspanne erstreckt sich etwa von März bis Juni. Die Hochzeit dieser Aktivität ist dann im April und Mai.

Man weiß, dass die Königin einen bestimmten Geruchsstoff verbreitet, Pheromone. Dieser hat auch eine Auswirkung auf die Hormone der Bienen. Ist dieser Stoff nicht stark genug in der Beute verteilt, bzw. nicht stark genug zu erkennen, ist dies ein Zeichen für die Bienen, eventuell auszuschwärmen.

Der Grund dieser Knappheit an Pheromonen kann zum einen das Alter der Königin sein, zum anderen kann das Bienenvolk zahlenmäßig zu groß geworden sein.

Der nächste Grund ist oft eine Diskrepanz zwischen der Anzahl an Larven (wenige), und der Anzahl an Ammenbienen (viele). Da die Bienen Gelee-Royal verfüttern und nicht genügend Larven im Verhältnis zu ihrer Arbeitskraft da sind, bauen sie sofort Weiselzellen für eine neue Königin. Diese können sie dann mit ihrem Spezialfutter später versorgen. Oft kommt es auch vor, dass keine Eier mehr in den Waben abgelegt werden, weil es zu viel Nektar in den Rähmchen gibt. Es fehlt einfach der Platz für die Königin, um ihre Brutarbeit/Eiablage zu verrichten. Jetzt ist kaum noch Platz in der Beute und das gilt als Signal für die Königin, da sie ja keine Eier mehr ablegt, den Bienenstock mit einem kleinen Schwarm an Arbeiterinnen und Sammlerinnen zu verlassen.

Um ein bevorstehendes Schwärmen zu erkennen, muss man einen genauen Blick in den Bienenstock werfen. Nimmt die offene Brut mehr Platz, ein als die verdeckelte Brut, so ist dies ein erstes Anzeichen. Oder es sind viele Weiselzellen vorhanden, die ja deutlich größer sind, als die der normalen Zellen und schnell erkannt werden können.

Beobachtet man die Königin auf dem Rähmchen und sie ist inaktiv, heißt das, dass sie die Eiablage aus Platzmangel eingestellt hat. Ist der Auslöser eines Schwärmens immer zur Zeit einer gewissen Pflanze zu ihrer Blütezeit, sollte sich der Imker dieses notieren. Die Trachten dieser Pflanzen können ein Auslöser für ein Bienenvolk sein, zu schwärmen.

Zu bedenken ist auch, dass Bienen als blütentreu bezeichnet werden. Sind die ersten Anzeichen erkannt, kann man (natürlich nur, wenn man will) noch rechtzeitig das Schwärmen verhindern. Eine Faustregel besagt, dass man so viele Kunstschwärme bilden soll, wie es zahlenmäßig Rähmchen in der Beute gibt, die verschlossene Königinnenzellen beherbergen. Will man aber den eigenen Bestand gar nicht vergrößern, so müssen sie einfach dem

Volk einen Teil ihrer Ammenbienen entnehmen.

Um nicht erst diese Maßnahmen ergreifen zu müssen, kann man schon viel früher im Vorweg das Schwärmen verhindern. Wie gesagt, der Imker scheut das Schwärmen der Bienen nur, weil es ihm Verluste im Bereich der Honigernte beschert. Das heißt nicht, dass man als kleiner Imker, der ja auch nicht davon leben muss, diese Aktivität (und Vitalität!) unterbinden muss. Eher im Gegenteil, doch das bleibt jedem selbst überlassen. Für die Königin muss also immer genügend Platz organisiert werden, wo sie ihre Eier ablegen kann. Dafür kann man volle Honigrähmchen entnehmen und dann stattdessen leere Rähmchen einfügen. Diese entnommenen Honigrähmchen sollten sich in der Nähe der Brut befinden. Alternativ kann man zu zwei verschiedenen Zeitpunkten jeweils einen Kunstschwarm entnehmen.

Hat das Bienenvolk schon im Frühjahr mehr als sechs Rähmchen in Beschlag genommen, wird der erste Kunstschwarm entnommen. Je nach Größe des Bienenvolkes zwischen April und Juni kann dann in dieser Zeit ein weiterer Kunstschwarm abgezogen werden. Eine junge Königin ist meistens auch ein Garant für eine geringere Schwarmneigung. In diesem Fall sollte die Königin schon nach 2 Jahren ausgetauscht werden.

Schon bei der Beschaffung eines Schwarms für die Beute sollte man eine Zuchtlinie nehmen, die nur einen schwachen Schwarmtrieb besitzt, wenn man denn meint, dass dies die Priorität sein soll. Im Frühjahr sollten sich die Bienen vom eigenen Honig ernähren. Deshalb füttert man im März und April keinen Sirup zu. Auch sollte man darauf achten, dass möglichst früh Platz für den Honig vorhanden ist. Dazu werden entsprechende Rähmchen eingesteckt.

Hat man einen Kunstschwarm abziehen müssen, sollte man sich die weitere Vorgehensweise gut überlegen. Der neue Schwarm bekommt eine neue Beute und muss nun unbedingt zusätzlich Sirup erhalten, um sich schnell aufzubauen. Man empfiehlt 2-3 Mal pro Woche den 50:50 Sirup in geringeren Mengen (250-500 ml) zuzufüttern. In der offenen Brut sollten dann nach etwa 7 Tagen Weiselzellen zu finden sein. Vielleicht sind auch abgelegte Eier zu finden, was heißen würde, dass bereits eine Königin aktiv geworden ist. Kann man jedoch weder Königinnenzellen noch Eier in den Zellen entdecken, dann muss das Vorhaben abgebrochen werden.

Der Schwarm sollte dann schnell einem anderen Schwarm zugefügt werden, der selbst vielleicht zahlenmäßig etwas schwach ist. Manche neu gebildeten Bienenstaaten entwickeln sich oft nicht annähernd so gut, wie die alten starken Völker. Eine gute Maßnahme ist dann, die Beute eines starken Volkes an einen anderen Platz zu positionieren und an dessen Stelle die Beute mit dem schwachen Volk zu setzen.

Da die Sammlerbienen ihren Nektar auch in fremde Beuten transportieren, kann dieses Volk mit kräftigen Bienen verstärkt werden. Ein Schwarm akzeptiert auch immer eine fremde Sammlerbiene in ihrer Beute. Sie wird sie nicht aus dem Bienenstock vertreiben. Wenn all das nichts nützt, muss dieser Schwarm getötet werden. Denn er wird mit großer Wahrscheinlichkeit krank sein. Eine allerletzte Möglichkeit wäre noch, die Königin herauszunehmen und eine neue Königin einzusetzen.

Eine weitere Möglichkeit, das Schwärmen zu verhindern, ist das Ausdünnen eines Bienenvolkes. Man nimmt eine leere Beute und fügt ein Rähmchen mit Eiern aus dem alten Bienenstock in diese neue Beute hinein. Dies ist wichtig, um später eine neue Königin zu erhalten. Dazu brauchen sie natürlich noch ein weiteres Rähmchen mit Honig und den darauf befindlichen Arbeiterbienen. Dieses Segment wird neben die Brut gesetzt. Dann benötigen sie noch Brut, die verdeckelt ist.

Davon nehmen sie zwei Rähmchen aus einem anderen, weiteren Bienenstock. Hier werden aber keine der darauf befindlichen Arbeiterbienen mitgenommen! Sie müssen abgestreift werden. Die alte Beute wird nun so behandelt, dass man die Bienen mit Wasser von den Rähmchen und aus dem Bienenstock vertreibt. Die Königin wird herausgenommen und die Beute wird irgendwo an einem dunklen Ort für 2 Tage aufbewahrt. Danach kann sie wieder auf ihren alten Platz. Die Bienen, die sich nun in den Bienenstock begeben, sollten auf jeden Fall gefüttert werden.

Bonus

REZEPTE MIT HONIG

Balsamico-Senf-Honig-Dressing

Zubereitungszeit: 5 Minuten

Zutaten für 1 Salat für 4 Personen:

50 ml Olivenöl

20 ml Balsamico

2 TL Senf

2 TL Honig

Salz und Pfeffer

Chilipulver

Zubereitung:

Alle Zutaten in ein Schälchen geben und gut verrühren, bis es eine cremige Konsistenz hat. Dann kurz vor dem Servieren auf den Salat eurer Wahl geben. Je nach Geschmack kann man von jeder Zutat etwas mehr oder weniger nehmen.

Tipp: Schmeckt am besten zu Rucola mit Tomaten, braunen Champignons und lecker frisch gehobeltem Parmesan. Dazu frisches Baguette.

Blätterteigpizza mit Ziegenkäse und Honig

Zubereitungszeit: 45 Minuten

Zutaten für eine Pizza:

1 Päkchen Blätterteig aus dem Kühlregal

60 g Creme fraiche

6 Stiele Thymian

Salz und Pfeffer

300 g Kirschtomaten

1 Ziegenfrischkäserolle

3 EL Honig

Zubereitung:
Backofen auf 220 Grad vorheizen.

Blätterteig auf dem Backblech ausrollen und mit der Crème fraîche bestreichen. Thymian von den Stielen zupfen und auf der Crème fraîche verteilen. Mit Salz und Pfeffer würzen. Kirschtomaten ebenfalls darauf verteilen. Ziegenkäse über der Pizza zerzupfen.

Pizza ca. 15 Min. backen. Honig darüber träufeln und die Pizza weitere 8 - 10 Min. backen.

Huhn mit Backpflaumen und Honig

Zubereitungszeit: 1 Stunde

Zutaten für 4 Portionen:

2 EL Olivenöl

800 g Hähnchenbrustfilets

450 ml Hühnerbrühe

3 Tomaten

Salz und Pfeffer

125 g Backpflaumen

1 TL Honig

1 EL Ingwer, frisch gerieben

50 g Rosinen

1 Prise Kurkuma

Etwas Safran

150 ml Wasser

Etwas gerösteten Sesam

1 Stange Zimt

Zubereitung:

Tomaten überbrühen, häuten und in Stücke schneiden. Das Öl in einem Topf erhitzen und die Hähnchenbrust darin bräunen. Zimtstange, Tomaten, Brühe, Salz und Pfeffer hinzugeben.

Den Topfinhalt erhitzen, bis er gerade kocht, dann zugedeckt etwa 30 Minuten vorsichtig köcheln lassen, gegen Ende der Garzeit den Deckel abnehmen.

In der Zwischenzeit die Backpflaumen mit Honig, Ingwer, Rosinen, Kurkuma und Safran 15 Minuten im Wasser garen, bis sie weich sind. Die Hühnerbrust in eine vorgewärmte Servierschüssel geben und warm stellen.

Die Garflüssigkeit etwas einkochen lassen. Die Pflaumenmischung dazugeben und beides etwa 1 Minute erhitzen. Über die Hühnerbrust gießen und den gerösteten Sesam darüber streuen.

Dazu passt Reis oder Couscous.

Vanille-Likör mit Honig

Zubereitungszeit: 20 Minuten

Zutaten für 1 Flasche

250 ml Wasser

4 Vanilleschoten

200 g brauner Zucker

1 EL Honig

500 ml Brandy

Zubereitung:

Von zwei Vanilleschoten das Mark mit Zucker und Honig sowie die ausgeschabten Schoten mit 250 ml Wasser aufkochen und 20 min. köcheln lassen. Vanilleschoten entfernen. In abgekühltem Zustand den Brandy zufügen.

Den Likör auf 2 500 ml Flaschen verteilen und je 1 Vanilleschote mit hineingeben. Kühl aufbewahren.

Haltbarkeit ca. 4 Monate.

Honig-Chili-Kürbis

Zubereitungszeit: 10 Minuten

Zutaten für 2 Portionen:
1 mittelgroßer Kürbis (Hokkaido)
2 EL Honig
Salz und Pfeffer
Chilipulver
Etwas Pflanzenöl

Zubereitung:

Den Backofen auf 180°C vorheizen. Bei einem Blech Unter-/Oberhitze, bei zwei oder mehr Umluft. Den Kürbis waschen, entkernen und in etwa 1-1,5 cm dicke Spalten schneiden. Die Spalten auf einem mit Backpapier ausgelegten Blech verteilen. Sollte ein Blech nicht reichen, können auch mehrere verwendet werden.

Honig mit Chilipulver und Salz in eine Tasse geben und kurz in der Mikrowelle (wenn nicht vorhanden Wasserbad) erwärmen, bis sich der Honig verflüssigt. Anschließend mit einer Gabel gut vermischen. Die Masse nun gleichmäßig auf die Kürbisspalten auftragen. Ich verwende dazu immer einen Backpinsel. Danach die Kürbisstücke mit Öl beträufeln. Ca. 30 Minuten backen.

Der süße Honig karamellisiert auf den Kürbisspalten und gibt ihnen im Zusammenspiel mit dem feurigen Chilipulver und dem Salz eine schöne pikante Note. Das Gericht ist mit Salat wunderbar als leichte eigenständige Mahlzeit geeignet. Kann aber auch als Beilage zu Fleischgerichten dienen.

Mousse von griechischem Joghurt mit Honig und Walnüssen

Zubereitungszeit: 30 Minuten / Ruhezeit: 6 Stunden

Zutaten für 4 Portionen:

250 g griechischer Joghurt

1 Becher Schlagsahne, nicht ganz feste geschlagen

2 Blatt Gelatine, in Wasser vorweichen

50 g Honig

½ Päckchen Vanillezucker

2 Eier

1 Handvoll Walnüsse, grob gehackt

3 EL Honig zum Garnieren

Zubereitung:

Eier, Honig, Joghurt und Vanillezucker sehr gut mischen. Gelatine in einem kleinen Topf auflösen. Etwa 4 EL von der Joghurtmasse zur Gelatine geben und gut verrühren.

Dann die Gelatine zur Joghurtmasse geben und sehr gut mit einem Schneebesen unterrühren. Die halbfest geschlagene Sahne unterheben. Gut abgedeckt bis zum Servieren in den Kühlschrank stellen, mindestens aber 6 Stunden.

Zum Servieren mit gehackten Walnüssen bestreuen und etwas Honig darüber träufeln.

Lachsfilet mit Honig-Senf-Glasur

Zubereitungszeit: 2,5 Stunden

Zutaten für 1 Portion:

1 Lachsfilet

2 EL Olivenöl

1 TL Sojasauce

2 TL Honig

2 TL Dijonsenf

Meersalz und Pfeffer

Zubereitung:

Das Lachsfilet abwaschen und abtrocknen. In einer kleinen Schüssel mit Olivenöl und Sojasauce, Meersalz und Pfeffer aus der Mühle eine Marinade anrühren und das Lachsfilet ca. 2 Std. im Kühlschrank darin marinieren. Zur Zubereitung das Lachsfilet rechtzeitig aus dem Kühlschrank nehmen, sodass der Lachs Zimmertemperatur annehmen kann.

Den Lachs aus der Marinade nehmen und kurz von beiden Seiten anbraten. Danach das Lachsfilet für ca. 5 - 6 min bei 100 Grad zum Weitergaren in den Backofen geben. Zur restlichen Marinade noch etwas Dijonsenf und Honig geben und verrühren.

Nun den Lachs aus dem Ofen nehmen, mit der Glasur dick bestreichen und nochmals in der Pfanne kurz braten.

Quellenverzeichnis

- Jean Riondet, „Installer un Premier Rucher“ 2015, Les Editions Eugen Ulmer, Paris
- LAVES - Institut für Bienenkunde Celle, Dr. Werner von der Otte, Juli 2009 (55_Honigentstehung.pdf)
- YouTube: Artgerecht & Ökologisch Imkern: Stroh-Klimadach, Kanal: BienenHelfer. Vom 21.01.2019 http://www.save-our-bees.com
- YouTube: Artgerecht Imkern: Varroa bekämpfen mit Puderzucker! Kanal: BienenHelfer.Vom 04.06.2018, http://www.save-our-bees.com
- YouTube: Bio-Honig aus der Eifel - Wie Imker mit und von den Bienen leben
- Essgeschichten SWR Fernsehen. Ein Film von Paul Weber. Kanal: Landesschau Rheinland-Pfalz vom 29.10.2019
- Futterteig für Bienen selbstgemacht - Einfache Art um Futterteig aus Honig - Bieneneber.ch, vom 29.01.2018, https://bieneneber.ch > futterteig-bienen-herstellen/
- Internet: „Wesensgemäße Bienenhaltung, Mellifera e.V., http://mellifera.de/ueber-uns/was-ist-wesensgemässe-bienenhaltung.html
- Internet: „Was Bienen lieben“, Wesensmäßige Bienenhaltung, REFORMHAUS, 06.06.2018, htttp://www.reformhaus.de/nc/themen/leben/haus-garten/was-bienen-lieben/
- „Status Quo der Ökologischen Bienenhaltung in Deutschland“, Anspach, 2009, J. Herrmann und D.Möller, https://orgprints.org (file PDF)
- Trachtenkalender Niedersachsen, 1994, Uwe Steenken, Obmann für Bienenweide und Naturschutz im Landesverband Weser-Ems und Jürgen

Frühling, Landesverband Hannover, mündliche Überlieferung. Internet: https://www.bsh-natur.de #Trachtenkalender (PDF)

- Trachtkalender von 2016, Stiftung Naturschutz Schleswig-Holstein, Heimische krautige Pflanzen, Trachtkalender für Schleswig-Holstein. Internet: https://www.stiftungsland.de/fileadmin/pdf/Trachtkalender/SN_Trachtkalender_HeimKraut_A4_20160526_A.pdf

- Hobby-Imker #2: Kennen sie alle Bienenarten? „Bien Zenker“ vom 30.05.2018, Internet: https://www.bien-zenker.de/blog/detail/hobby-imker-2-kennen-sie-alle-bienenarten.html

- https://www.chefkoch.de/rs/s0/honig/Rezepte.html

Wir danken Ihnen für Ihr Interesse und Ihr Vertrauen. Als Dankeschön dafür, haben wir eine besondere Überraschung. Wir haben exklusiv für Sie **Informationen zur richtigen Imkerausrüstung – inklusive Checkliste für Anfänger.** Das Beste daran: Sie erhalten alles vollkommen kostenlos. Das klingt wunderbar? Dann warten Sie nicht lange und holen Sie sich Ihr Gratis-Geschenk.

Hier geht es zu Ihrem Gratis-Geschenk:

https://forms.gle/xfyAXjiWYjBxLZZc8

1. **Öffnen Sie die Kamera-App auf Ihrem Smartphone und richten Sie die Kamera auf den QR-Code.**
2. **Klicken Sie auf den Link, der Ihnen angezeigt wird und schon werden Sie zur Website weitergeleitet.**

Impressum

Herausgeber: Orbita Media Verlag GmbH & Co. KG / Ericusspitze 4 / 20457 Hamburg
Kontakt: kontakt@empireofbooks.de
Website: https://empireofbooks.de
Coverbild: Shutterstock

Haftungsausschluss:
Die Nutzung dieses Buches und die Umsetzung der enthaltenen Informationen, Anleitungen und Strategien erfolgt auf eigenes Risiko. Der Autor kann für etwaige Schäden jeglicher Art aus keinem Rechtsgrund eine Haftung übernehmen. Haftungsansprüche gegen den Autor für Schäden materieller oder ideeller Art, die durch die Nutzung oder Nichtnutzung der Informationen bzw. durch die Nutzung fehlerhafter und/oder unvollständiger Informationen verursacht wurden, sind grundsätzlich ausgeschlossen. Rechts- und Schadenersatzansprüche sind daher ausgeschlossen. Dieses Werk wurde sorgfältig erarbeitet und niedergeschrieben. Der Autor übernimmt jedoch keinerlei Gewähr für die Aktualität, Vollständigkeit und Qualität der Informationen. Druckfehler und Falschinformationen können nicht vollständig ausgeschlossen werden. Es kann keine juristische Verantwortung sowie Haftung in irgendeiner Form für fehlerhafte Angaben vom Autor übernommen werden. Die bereitgestellten Analysen, Vorschläge, Ideen, Meinungen, Kommentare und Texte sind ausschließlich zur Information bestimmt und können ein individuelles Beratungsgespräch nicht ersetzen. Alle Informationen dieses Buches entsprechen dem Kenntnisstand zum Zeitpunkt des Verfassens dieses Buches. Eine Haftung für mittelbare und unmittelbare Folgen aus den Informationen dieses Buches ist somit ausgeschlossen.
Informieren Sie sich weitläufig aus unterschiedlichen Quellen und bedenken Sie, dass am Ende nur Sie für die Entscheidungen verantwortlich sind.

Haftung für externe Links:
Unser Angebot enthält Links zu externen Websites Dritter, auf deren Inhalte wir keinen Einfluss haben. Deshalb können wir für diese fremden Inhalte auch keine Gewähr übernehmen. Für die Inhalte der verlinkten Seiten ist stets der jeweilige Anbieter oder Betreiber der Seiten verantwortlich. Die verlinkten Seiten wurden zum Zeitpunkt der Verlinkung auf mögliche Rechtsverstöße überprüft. Rechtswidrige Inhalte waren zum Zeit-punkt der Verlinkung nicht erkennbar.